暗物质是当前物理学面临的最重大科学难题之一，认识它的本质极有可能带来物理学的革命。我国发射了暗物质粒子探测卫星"悟空"，希望能在暗物质研究方面取得突破。常常会有人问我，暗物质是什么？它跟反物质有什么关系？暗物质有什么用？等等。本书为这些问题给出了最好的回答。我强烈推荐大家，特别是青少年朋友读读这本书，你会有意想不到的收获。

（暗物质粒子探测卫星"悟空"首席科学家）

编 委 会

主　编　叶铭汉　陆　埮　张焕乔　张肇西　赵政国

编　委　（按姓氏笔画排序）

马余刚（上海应用物理研究所）　　叶沿林（北京大学）

叶铭汉（高能物理研究所）　　　　任中洲（南京大学）

庄鹏飞（清华大学）　　　　　　　陆　埮（紫金山天文台）

李卫国（高能物理研究所）　　　　邹冰松（理论物理研究所）

张焕乔（中国原子能科学研究所）　张新民（高能物理研究所）

张肇西（理论物理研究所）　　　　郑志鹏（高能物理研究所）

赵政国（中国科学技术大学）　　　徐瑚珊（近代物理研究所）

黄　涛（高能物理研究所）　　　　谢去病（山东大学）

"十三五"国家重点图书出版规划项目

物理学名家名作译丛

〔法〕阿兰·梅热　〔法〕文森特·勒布伦　著
罗　舒　译　邢志忠　校

物质、暗物质和反物质

Matter, Dark Matter, and Anti-Matter

中国科学技术大学出版社

安徽省版权局著作权合同登记号:第 12171795 号

Matter,*Dark Matter*,*and Anti-Matter*,First Edition was originally published in French in 2009. This translation is published by arrangement with DUNOD Editeur. All rights reserved.

© DUNOD Editeur & University of Science and Technology of China Press 2018

This book is in copyright. No reproduction of any part may take place without the written permission of DUNOD Editeur and University of Science and Technology of China Press.

This edition is for sale in the People's Republic of China (excluding Hong Kong SAR, Macau SAR and Taiwan Province) only.

此版本仅限在中华人民共和国境内(不包括香港、澳门特别行政区及台湾地区)销售。

图书在版编目(CIP)数据

物质、暗物质和反物质/(法)阿兰·梅热(Alain Mazure),(法)文森特·勒布伦(Vincent Le Brun)著;罗舒译.—合肥:中国科学技术大学出版社,2018.2

(物理学名家名作译丛)

"十三五"国家重点图书出版规划项目

书名原文:Matter,Dark Matter,and Anti-Matter

ISBN 978-7-312-04190-7

Ⅰ.物… Ⅱ.①阿… ②文… ③罗… Ⅲ.①暗物质—研究 ②反物质—研究 Ⅳ.P14

中国版本图书馆 CIP 数据核字(2017)第 081233 号

出版	中国科学技术大学出版社
	安徽省合肥市金寨路96号,230026
	http://press.ustc.edu.cn
	https://zgkxjsdxcbs.tmall.com
印刷	安徽国文彩印有限公司
发行	中国科学技术大学出版社
经销	全国新华书店
开本	710 mm×1000 mm 1/16
印张	12
字数	184 千
版次	2018 年 2 月第 1 版
印次	2018 年 2 月第 1 次印刷
定价	58.00 元

内 容 简 介

　　如果把今天的可观测宇宙中的全部能量和物质想象成一个大蛋糕,平均切成20块,那么其中大约14块是推动宇宙加速膨胀的暗能量,5块是神秘莫测的暗物质,而我们最为熟悉的重子物质只占其中的1块。人类自身、花鸟鱼虫、山川河流、满天繁星、绚丽的银河,所有这些已经被观测到的物质都属于"发光"的重子物质,但它们仅构成重子蛋糕的"一半",另一半"不发光"的重子物质很长时间处于"失踪"的状态。本书的作者阿兰·梅热(Alain Mazure)和文森特·勒布伦(Vincent Le Brun)对研究宇宙中重物质的历史和寻找"失踪"的重子物质的相关理论、观测以及模拟做了精彩的回顾,将宇宙中的物质、反物质和暗物质做了清晰的梳理和描述,用通俗、简洁的语言解释了深刻的物理问题,并配以精美的插图。

　　本书不仅适合那些对宇宙的奥秘充满好奇的普通大众,也适合那些意欲在天文观测或者天体物理学领域开展科学研究的青年学子。

献给我们的家人们

为了与望远镜为伴的无数个夜晚
以及与计算机为伴的无数个白天……

序　言

对我们宇宙中的普通物质含量进行精确的测量毫无疑问是现代天体物理学的一个巨大成就。科学家们把宇宙的这部分组分称为重子物质。我们最为熟悉的重子物质是质子和中子，它们构成了宇宙中原子和分子质量的绝大部分。

大概在上一个世纪之交时，研究人员进行了两类相互完全独立的实验来"称量"我们宇宙中的重子物质。在其中一类实验中，数个研究团队利用各种由气球搭载的望远镜以及空间望远镜来测量宇宙大爆炸的遗迹辐射场（称为宇宙微波背景（Cosmic Microwave Background, CMB））温度分布中的微小波动。CMB中的这些波动的相对幅度对宇宙中重子物质的总量敏感，我们可以由此计算出宇宙中的重子物质含量。

而在另一类实验中，天文学家们则通过分析距离我们极为遥远的一些奇特的天体（类星体）的光谱，计算出了宇宙中氢以及比它更重一些的同位素氘这两种元素的相对丰度。他们的分析对宇宙重子物质的密度给出了一个完全独立的限制。上述这些实验中的每一个都有各自不同的一系列技术挑战和不确定因素，每一个都需要针对极早期宇宙进行复杂的理论计算。但令人惊讶的是，这两类实验的结果却高度地吻合，一致表明我们宇宙的全部物质和能量中仅有 4% 是以重子物质的形式存在着的。

这一测量结果的深远影响表现在两个方面：首先，"宇宙中的物质和能量的绝大多数都是以我们日常经验里完全陌生的形式存在着的"这个结论被牢固地确立起来了。我们把这些陌生的其他组分称作"暗物质"和"暗能量"。事实上，探索我们宇宙中其余 96% 的这些暗组分是目前科学研究的一个首要关注点。

其次，这一结果使科学家们有机会将所统计出的当今宇宙中重子物质的总量与预计应有的总量进行比较。让我们大为惊讶的是，首个统计结果（由普林斯顿大学（Princeton University）的两位天体物理学家得到的）就提出了一个令人震惊的难题：恒星和星系内发光的重子物质、星系团中所探测到的热气体以及星系际介质中的氢，所有这些已经找到了的重子物质的总量仅占到当今宇宙应有的重子物质总量的一半。大体上来说，当今宇宙中有一半的重子物质"失踪"了！

这个发现促使世界各地的许多研究小组（包括我自己的研究小组）开始专门寻找这些失踪的重子物质。我们课题组最主要的研究工作是利用远紫外空间探测器（Far-Ultraviolet Space Explorer，FUSE）和哈勃空间望远镜来获得遥远的类星体（光度极高的星系核区，其辐射的能量来自星系中心的超大质量黑洞）紫外波段的高精度光谱。这些数据可以用于寻找处于温热、弥散状态的重子物质，这种状态的重子物质很难通过一般的探测方法被找到。尽管已经取得了一些成果，但寻找失踪重子物质的任务仍在持续进行中。这项任务需要结合细致的观测（利用世界上最强大的望远镜）和专门的理论计算（使用运算速度最快的超级计算机）来达成。

在这本书中，阿兰·梅热（Alain Mazure）和文森特·勒布伦（Vincent Le Brun）对测量宇宙重子物质的历史、失踪重子物质问题的发现、对当今和早期宇宙中的重子物质进行统计的各种技术手段以及指导这些研究的理论工作都做了精彩的回顾。他们的这本书第一次全面地介绍了科学家们所了解的关于普通重子物质的各个方面。本书用通俗、简洁的语言解释了深刻的物理问题，并配以精美的插图。我认为这本书无论是对于那些对科学感兴趣的朋友们,还是对于打算在这一领域开展研究工作的一年级博士研究生们都是非常值得推荐的。

泽维尔·普罗查斯卡(J. Xavier Prochaska)

加利福尼亚大学圣克鲁斯分校(University of California,Santa Cruz)

天文学与天体物理学教授

加利福尼亚大学天文台(University of California Observatories)

天文学家

作者为英文版译著所作序

对我们两人而言，这本书是对宇宙学模型中尚未解决的那些问题的一次探索之旅的记录。我们所面对的这些尚未解决的问题当然包括大家所熟知的暗物质和暗能量之谜，它们仍有待"新物理"以及新的仪器设备的发展来给出进一步的解释，当然这些都需要天体物理学家和粒子物理学家付出相当大的努力。

然而，除了对"暗"领域的探索，在"普通"物质的问题上，在我们大体上已经非常了解的宇宙的"发光"部分，似乎也仍存在着一个未解决的"小"问题：有一部分重子物质似乎在我们当今的宇宙中丢失了！

普通物质中的这一小部分，在暗物质和暗能量的深深海洋中就好像浮在海面上的一点点"泡沫"，它们的失踪似乎是不重要的。但事实并非如此。首先，作为人类，我们必须关心这个问题，因为我们自己以及我们所生活的这个星球都是由这一点点"泡沫"构成的！此外，寻找这些失踪的重子物质还有另一个原因：不断地检查理论模型整体的自洽性，确认模型中没有任何可能表示理论存在某些根本错误的矛盾之处，这始终是科学家的职责之一。

所以，我们这就开始寻找失踪重子物质之旅吧！

阿兰·梅热　文森特·勒布伦

马赛天体物理实验室（Laboratoire d'Astrophysique de Marseille）

2011 年 6 月

致 谢

我们首先要感谢实践(Praxis)出版社和斯普林格(Springer)出版社,他们使得我们能够将本书的法文原版翻译成英文,并促成了这本译著的最终出版。

我们还要感谢在马赛(Marseille)的同事们,那些天体物理学家和粒子物理学家,感谢曾经与他们的那些关于暗能量、暗物质、再电离、原初恒星和星系以及失踪的重子物质的讨论。这本书在某种程度上来说正是那些热烈讨论的成果。

目　次

- 序言 … (ⅰ)
- 作者为英文版译著所作序 … (ⅴ)
- 致谢 … (ⅶ)
- 引言　迷人的缺失 … (1)
- 第1章　聚集的物质 … (4)
  - 1.1　数星星 … (5)
  - 1.2　银河:从神话到科学 … (10)
  - 1.3　银河系的更深处 … (15)
  - 1.4　重要的关系式 … (18)
- 第2章　星云的王国 … (20)
  - 2.1　宇宙岛屿 … (20)
  - 2.2　冰山般的星系 … (23)
  - 2.3　星系内的群落——星际介质 … (26)
  - 2.4　恒星与晕族大质量致密天体(MACHO) … (28)
  - 2.5　暗重子物质的传奇 … (30)

| 2.6 | 星系团 | （33） |

第3章　变暖 （41）
- 3.1 炙热如火 （41）
- 3.2 太空史诗 （43）
- 3.3 X射线望远镜和X射线探测器 （44）
- 3.4 星系和"热"星团 （48）
- 3.5 热还是冷：并不容易推测 （52）

第4章　宇宙探秘：何时？何地？如何？ （55）
- 4.1 创生时期 （57）
- 4.2 暗物质和反物质何处安生？ （60）
- 4.3 头三分钟的魔术 （62）
- 4.4 当质子拥抱中子 （65）
- 4.5 全部重子物质 （66）

第5章　宇宙30万年时正上演的故事：重子物质如数到齐 （68）
- 5.1 物质主导 （68）
- 5.2 天空中的化石 （70）
- 5.3 结构增长 （72）
- 5.4 天空中的和声 （74）
- 5.5 称量物质和光 （77）

第6章　宇宙的画布 （80）
- 6.1 宇宙结构的规则 （80）
- 6.2 第一代恒星和类星体 （82）
- 6.3 烹调残羹剩菜 （88）
- 6.4 一片神秘的森林 （90）
- 6.5 最终的估算 （93）

第7章　揭开面纱：计算机模拟 （95）
- 7.1 从一维到三维 （97）
- 7.2 驯服暗物质 （98）

7.3	半解析方法的必要性	(101)
7.4	Fiat lux	(102)
7.5	用计算机模拟宇宙	(104)
7.6	重子物质:终于被找到了	(108)

第8章　不间断的探索 .... (112)

8.1	可见光波段的天空:从裸眼到CCD	(112)
8.2	太空探险	(119)
8.3	绚丽的"微波"四十年	(125)
8.4	望向宇宙的新窗口	(129)

第9章　从望远镜到加速器 .... (134)

9.1	粒子物理标准模型及其扩展模型	(135)
9.2	中微子是暗物质?	(137)
9.3	直接探测与间接探测	(139)
9.4	暗能量是什么?	(141)
9.5	接近大爆炸?	(144)
9.6	粒子物理有何新发现?	(147)

附录 .... (154)

术语表 .... (158)

译后记 .... (170)

引言
迷人的缺失

没有存在的证据并非证明不存在。

近十几年来，关于宇宙中不可见的"暗"组分的研究常常出现在新闻的头条。通过仔细研究螺旋星系的旋转曲线以及遥远天体的光线被星系团的引力弯曲而产生的多个虚像，天文学家们确信宇宙中存在着数量惊人的暗物质。20世纪90年代，又发现了我们的宇宙远非标准宇宙学模型所预言的那样正在减速膨胀，而是在不久之前（相对于宇宙学的时间尺度而言，具体来说是在40亿～50亿年前）进入了一个加速膨胀的阶段。这一发现暗示了暗能量的存在。这些"暗"组分的物理本质是什么仍是个未解之谜。我们是否应该修改引力定律来解释这些新的现象？暗物质/暗能量是否是由某些目前尚不能被探测到的粒子构成的？如果是的话，它们是否就是超出粒子物理标准模型的一些理论模型所预言的某种粒子？或者，我们是否应该从原初宇宙的量子真空能或类似的想法中寻找答案？但无论如何，它们最为引人注目之处是，这两个被天文学家和物理学家们热切关注的奇异组分的总量可能占了宇宙总物质/能量的95%之多（图0.1）。

那么，普通物质又都包括些什么呢？虽然我们始终被由暗物质粒子、宇宙早期辐射所遗留的中微子和光子构成的一大片海洋所包围，但我们生存的环境和我们本身都是由普通物质，即重子物质构成的。著名的门捷列夫元素周期表中所包含的各种元素都是构成我们这个世界的重子物质（图0.2）。尽管重子物质仅占宇宙全部组分的4%～5%，占宇宙总物质的

15%～20%，但对重子物质在整个宇宙演化历史中的贡献做一个清楚连贯的自洽的估计却肯定有助于进一步完善基本宇宙学模型。

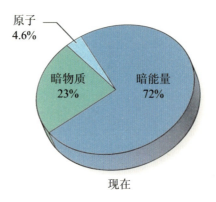

现在

图 0.1　天文学家们所估算的当今宇宙能量/物质组分图

这个组分图显示了一个惊人的结论：那些构成发光的恒星以及星系的普通物质（重子物质）仅占宇宙全部组分的一小部分（4%～5%），宇宙主要是由暗物质和暗能量构成的。暗物质并不辐射或者吸收光子，只能通过它的引力效应被间接地探测到。暗能量在宇宙中扮演的是一种"反重力"的角色。与暗物质不同，暗能量被认为是导致当今宇宙加速膨胀的原因。

在大爆炸宇宙学模型的框架下，借助核物理的知识，我们可以理解这些重子物质（构成原子的质子和中子）的起源，并且准确推算它们在原初宇宙的全部组分中所占的比重。然而，如果我们一路追踪这些重子物质从产生之初到现今这近 140 亿年内的演化过程，就会发现当今宇宙中丢失了一部分重子物质。今天，我们能探测到在宇宙大爆炸后约 30 万年的复合时期形成并保留至今的"化石"——宇宙微波背景辐射。通过分析宇宙微波背景辐射全天温度分布中微小波动的功率谱，可以得到这样的结论：复合时期宇宙中的重子物质总量与宇宙原初时期的重子物质总量是相符的。此外，对"莱曼-α 森林"的探测为我们提供了大爆炸后约 20 亿年时宇宙中的弥散气体分布区域的信息。对这些信息的分析显示，那个时期的重子物质总量仍然等于宇宙原初时期的重子物质总量。

那么，当今宇宙中少掉的那部分重子物质又都去了哪里呢？它们是不可能凭空就消失的。这本书讲述的就是关于宇宙中的重子物质以及寻找那些应该存在却还没有被找到的"失踪"的重子物质的故事。在后面的章节中我们将一一介绍宇宙中以各种形态存在着的重子物质,也将顺便探寻一下它们的孪生兄弟反物质的命运。从这本书中读者将了解到技术的进步与观念的演变是如何协同作战揭开这些隐藏的重子物质的神秘面纱的。在本书的最后部分,我们还将聊聊物质与各种形式的能量、宇宙学与粒子物理、宏观世界与微观世界之间的密切关系。

图 0.2 现代版本的门捷列夫元素周期表

… 物质、暗物质和反物质

第1章

聚集的物质

> 过于丰富反而导致了贫瘠。
>
> —— 布瓦洛（Boileau）

我们从寻找普通物质，或者更严格来说寻找重子物质的故事说起。这里说到的重子物质最主要是指质子和中子，地球上乃至整个宇宙中所能找到的所有化学元素的原子核都是由这两种粒子结合而构成的。在宇宙演化的整个热历史[①]中，这些重子物质经历了各种各样的变化。它们可能保持单个原子的状态，也可能再结合成某种分子。根据其最终所处的环境，这些重子物质的温度还可能发生巨大的变化。不同种类或者处于不同状态的原子或分子会发出或者吸收相应的特定波长的电磁辐射，天文学家们通过寻找这些特征谱线就可以找到那些距离遥远的重子物质并且了解它们所处的状态。搜寻宇宙中呈现各种不同状态的重子物质是观测天文学最重要的工作之一，而估算出重子物质的丰度则成为了宇宙学的一块奠基石。

我们将从自身所居住的银河系开始我们的探索之旅。在宇宙大爆炸发生后很短的时间内形成的质子和中子，通过被称作原初核合成或大爆炸

---

① 宇宙热历史是指宇宙由大爆炸开始到现在的整个过程中其能量/物质组分演化的历史。我们可以根据辐射（能量）和物质在宇宙中所占的比重定义宇宙演化历史中的几个主要时期：辐射主导时期、物质主导时期以及两个时期的过渡阶段。比如宇宙中的质子和电子结合成中性氢原子的复合过程以及之后氢原子的再电离都发生在宇宙由辐射主导向物质主导转化的过渡时期（参见附录）。

核合成①的过程(后文中会详细解释)相互结合,产生了确定比例的氢和氦、少量的氘以及极微量的锂和铍。这些原子核在产生之初几乎均匀地分布于宇宙空间中,它们的密度分布仅有非常微小的涨落。但这些极其微小的密度涨落却没能逃脱万有引力的作用,随着时间的推移,这些微小的密度不均匀会在引力的作用下不断地累积而增大。在距离大爆炸已经非常非常久远的今天,一部分重子物质已经聚集并塌缩形成了恒星。观测这些发光的恒星是"称量"构成它们的重子物质的一种途径。

1.1 数星星

尽管我们现在知道银河系其实只是宇宙中数千亿个星系中的一个,但在夏季的夜晚凝望晴空中的这条天河仍然是一种极其美妙的体验(图1.1)。由于太阳系位于银河系的边缘,我们只能从侧面观察银河系在天穹上的投影。所以,当你抬头向星空匆匆一瞥时,已经有来自超过2 000亿颗恒星的星光进入了你的眼睛(当然,我们的裸眼最多只能分辨其中大约2 500颗恒星)。有谁从来不曾仰望星空,思索能不能把天上的星星全部都数清?这个小小的挑战看起来就像数清沙滩上有多少颗沙子一样不可能完成,但天文学家们却从来没有放弃数星星的努力。事实上,我们已经可以分辨太阳系周边区域内的许多恒星,但要数清它们还有两个困难。

首先,我们不可能目不转睛地盯着望远镜一颗一颗地数。古希腊天文学家、地理学家、数学家喜帕恰斯(Hipparchus,约公元前190年~约公元前120年)有可能已经系统地观察并记录了他所在的那个年代古希腊没有污染的夜空中大约850颗裸眼可见的恒星的位置及其视星等。而今天我们更依赖各种各样的望远镜来获得银河系的图像,并且采用一些自动化的

---

① 原初核合成或大爆炸核合成(BBN)开始于宇宙大爆炸后的大约第3分钟,持续到大爆炸后的大约第20分钟,此时宇宙的温度、密度已经下降至发生核聚变所需的温度、密度以下。这一核合成过程使得例如氦等轻元素开始能够存在于宇宙中,但仍然阻止比铍更重的元素产生。大爆炸核合成结束时,我们的宇宙大致由75%的氢、25%的^{4}He、0.01%的氘以及极微量(约10^{-10})的锂和铍构成,再没有更重的元素存在。这里我们使用了通用的质量丰度百分比,因此25%的^{4}He表示^{4}He原子的总质量占宇宙重子物质总质量的25%,但^{4}He原子的数目仅占全部原子数目的8%。

物质、暗物质和反物质

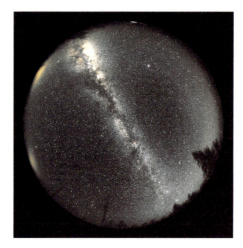

图1.1　夏季夜空中的银河

拍摄于亚利桑那州(Arizona)格雷厄姆山(Mt. Graham)海拔10 720英尺(约3 267米)的峰顶,曝光时间20分钟。照片左侧地平线位置上的两处黄色光亮是凤凰城(Phoenix)和图森市(Tucson)的灯光。(道格·欧菲斯(Doug Officer)和保罗·韦尔奇(Paul Welch),斯图尔德天文台(Steward Observatory),亚利桑那大学(University of Arizona))

方法来统计所拍摄到的恒星的数目。尽管如此,由于银河占据了天空中非常大的一片区域,拍摄银河系的完整照片本身就是一项困难的工作。其次,即使有望远镜的帮助,天空中仍有某些广阔的区域看起来总是模糊不清,像是镜片被灰尘覆盖了一般。实际上,这些"灰尘"是存在于银河系中的云状的尘埃物质。一方面这些尘埃物质本身也是宇宙重子物质的一部分,另一方面它们又会遮挡后方的天体发出的可见光,这就使得想要计算宇宙中重子物质的总量变得更加复杂了!如今天文学家们已经找到了克服这些困难的办法,借助计算机对摄影底片或者更先进的CCD相机所获得的图像进行分析处理,统计其中的恒星数目。

对恒星进行"人口普查"的一个重要里程碑出现在20世纪90年代初,这要归功于1989年8月8日由欧洲空间局(European Space Agency)发射的喜帕恰斯(Hipparcos[①])卫星。喜帕恰斯卫星(1989年8月开始运行并采集数据至1993年2月终止)的任务比较单一,可以说是古希腊天文学

[①] 英文版译者注:Hipparchus/Hipparcos,英语中最通用的古希腊天文学家喜帕恰斯的名字的拼写方式是Hipparchus(尽管Hipparchos是更正确的拼写方式),但以这位天文学家名字命名的喜帕恰斯卫星国际上的拼写方式是Hipparcos,代表High Precision Parallax Collecting Satellite(高精度视差测量卫星)。

家用裸眼记录恒星位置这一工作的延续,即精确测量数十万颗恒星的位置、距离、光度以及周年自行。邻近恒星与我们的距离可以通过传统的天文测距方法——视差法来测得。现在请向前伸直你的一只手臂并竖起食指,然后用另一只手分别遮住左眼和右眼来观察竖起的食指,你会发现两次观察时手指相对于远处背景物体的位置发生了变化,这就是双眼视差。类似地,当地球运行到绕日轨道长轴的两个端点时,卫星两次观测到的邻近恒星相对于遥远的背景恒星的位置也有变化(图1.2),这就是邻近恒星的周年视差。测量出邻近恒星的周年视差,再利用简单的三角几何公式,就可以计算出所观测的恒星距离我们有多远。

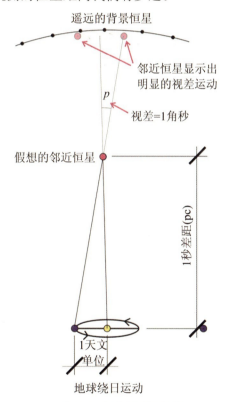

图1.2 恒星视差原理图

由于地球围绕太阳运转,如果间隔六个月观察同一颗邻近的恒星,会发现相对于那些非常遥远的看起来不动的背景恒星它的位置发生了明显的变化。持续观察会发现邻近恒星相对于背景的运动轨迹是一个椭圆,该椭圆的半长轴所对应的视角变化 p 称为该恒星的周年视差。若已知某颗恒星的周年视差以及日地之间的距离,就可以推算出这颗恒星与我们之间的距离。假设某颗恒星的周年视差是1角秒,则定义这颗恒星与我们的距离为1秒差距(3.26光年)。真实宇宙中距离我们最近的恒星系是半人马座 α 星(南门二,Alpha Centauri),它的周年视差是 0.742 角秒。

物质、暗物质和反物质

扩展阅读

视差法测距

我们可以用一种比较直观的方式来理解视差。请向前伸直你的一只手臂并竖起食指,用另一只手先后挡住左眼和右眼,观察竖起的食指,会发现两次观察时手指相对于远处背景物体的位置发生了变化,这就是双眼视差。视差是由于观察者(观察者也可以是人造卫星)位置变化所导致的相对被观测对象视角的变化,它是天文学中一个至关重要的基本概念。视差的大小是观察目标与两个观察点连线的半夹角,对应地,两个观察点之间距离的一半则称为基线长度。

- 观测太阳系内的天体,可以以地球半径作为基线,所对应的视差称为"周日视差";
- 观测太阳系外的天体,则以地球绕日轨道的半长轴(定义为一个天文单位(AU))作为基线,所对应的视差称为"周年视差"。

观察者的位置变化同样的距离时,会发现近处物体比远处物体的视差要大。目前的天文测距所能够利用的最长的"位置变化"就是地球绕日轨道的长轴(2 AU),大约3亿千米。假设有一个天体对地球和太阳连线的夹角恰为1角秒,我们就把这个天体与我们的距离定义为1秒差距。秒差距(pc)是天文学中常用的长度单位,1秒差距等于3.26光年。

在喜帕恰斯卫星发射之前,天文学家们只测到了大约8 000颗恒星的视差。而喜帕恰斯卫星任务执行完成之后,欧洲空间局在1997年出版了喜帕恰斯星表(Hipparcos Catalog),其中记录了近120 000颗恒星的周年视差,精度达到毫秒量级,可测距范围拓展到约1 600光年。有大约20 000颗恒星的距离的测量精度达到了10%,约50 000颗恒星的测距精度达到了20%。同年出版的第谷星表(Tycho Catalog)中记录了超过100万颗恒星的物理参数,但它们的距离测量精度略低。2000年出版的第谷星表二(Tycho 2 Catalog)中记录了超过250万颗恒星。

欧洲空间局的盖亚(Gaia)太空望远镜于2013年12月19日发射升空,预计能建立一个包含银河系中大约10亿颗恒星的星表,它的观测目标涵盖了银河系中约1%的恒星。在其5年的运行时间里,盖亚会对它的每一个观测目标进行约70次观测,精确记录它们的位置、距离、运动方向以及亮度变化。依靠已经被喜帕恰斯卫星验证过的技术手段,盖亚将反复探测所有视星等高于20等的恒星(视星等为20等的恒星的亮度为肉眼可见的最暗恒星的约1/400 000)。在轨目标探测将确保所有达到望远镜光度阈值的变星、超新星、其他暂现天体源以及少数行星也都能够被观测到并且被记录下来。对于所有比视星等为15等的恒星(为肉眼可见的最暗恒星的亮度的约1/4 000)更亮的天体,盖亚测量其位置的精度可以达到24微角秒(1微角秒=10^{-6}角秒)。这相当于在1 000千米外测量一根头发的直径。而对于距离我们最近的那些恒星而言,盖亚的测距精度可以达到超乎寻常的0.001%。即使是靠近银河系中心、距离我们约30 000光年的那些恒星,也可以在20%的精度范围内测定它们的距离。

多亏了喜帕恰斯卫星的观测结果,我们现在拥有了迄今为止最为完整的关于银河系结构及其动力学的图像。喜帕恰斯项目的巨大成就也许乍一看体现在其探测的广度上(参见前面的"扩展阅读"),但其实就银河系中距离我们1/50银河系直径的范围内,占总数量不足百万分之一的邻近恒星而言,喜帕恰斯卫星获取了相当精确的观测数据。当然,就像抽样调查的结果可能并不代表全部对象的真实结果那样,我们无法证明已经探测到的银河系的部分区域可以代表整个银河系。于是就产生了这样的问题:我们怎样才能看得更远些?

1.2 银河：从神话到科学

夏季北半球晴朗的夜空中，横跨夜空的那条珍珠般色彩的巨大拱状亮带是最令人印象深刻的结构。在古希腊神话中，认为银河是女神赫拉（Hera）哺乳婴儿赫拉克勒斯（Heracles）时倾泻出的乳汁。尽管这只是个神话传说，但银河的英文名称 Milky Way（乳液之路）却一直沿用至今。类似的还有英语中星系的通称 galaxy，源于希腊语的 Ãáëáîáò（Galaxias），意思是"似乳状的"。

最早声称银河是由许多遥远的星星构成的人是古希腊哲学家德谟克利特（Democritus，约公元前 460 年～约公元前 370 年）。但一直到第一个光学望远镜被发明出来，人们才真正分辨出银河这条乳白色的光带确实是由无数恒星的小光点组成的。苏轼有诗云："不识庐山真面目，只缘身在此山中。"同样的道理，想了解我们所居住的银河系的真正面貌也是件非常困难的事。1785 年，威廉·赫歇尔（William Herschel）（图 1.3）首次尝试描绘银河系的形状以及太阳系在其中的位置。赫歇尔仔细计算了天空中不同区域内恒星的数目，得出了银河系内的恒星聚集成一个巨大的盘状结构的正确结论，但他所绘制的银河系形状图（图 1.4）中错误地把太阳描绘在了靠近银河系中心的位置。当时，赫歇尔假设所有的恒星具有相同的本征亮度（这在之后被证明是不正确的），认为它们的视星等的差别完全是由于距离我们的远近不同而造成的。而后，各种不同类型的具有不同本征光度的恒星陆续被发现，这促使天文学家们不断地修正赫歇尔的方法。即使是现在，由于没有准确的恒星温度与其本征光度的关系式，我们仍然没有办法通过恒星的视星等准确地知道它们的距离。视差测距法仍是目前唯一可以用来精确测量恒星距离的方法。

图 1.3　弗雷德里克·威廉·赫歇尔爵士肖像画

弗雷德里克·威廉·赫歇尔爵士(Sir Frederick William Herschel,1738年11月15日~1822年8月25日),德裔英国天文学家、技术专家、作曲家。(英国皇家天文学会(Royal Astronomical Society),伦敦)

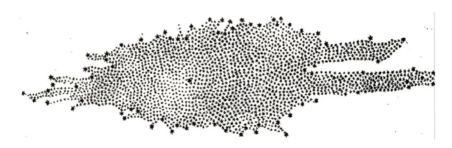

图 1.4　威廉·赫歇尔基于恒星计数的方法绘制的银河系恒星分布图

转载自维基共享资源(Wikipedia Commons),该图最初发表于1785年英国皇家学会出版的《自然科学会报》(Philosophical Transactions of the Royal Society)。

最早被天文学家们研究的一批恒星或多或少地与我们的太阳相似:都产生于相同的气体环境,具有相似的化学组成,但质量不尽相同。很快天文学家们就发现这些恒星的分布区域呈扁平的盘状。它们中的绝大多数在垂直银河系光带的方向上距离银河系中心都不超过 1 000 光年,而在水平两个方向上与银河系中心的距离则可以分别达到 10 000 和 20 000 光年。看起来银河系内的恒星是分布在一个扁平的盘状结构(银盘)内(图

1.5)。银盘上的恒星密度并不均匀,这一点可以通过射电望远镜探测中性氢气体云的空间分布情况来了解。中性氢的分布直接反映了年轻恒星在宇宙空间的分布,进而也透露了银盘上恒星的分布情况。探测结果显示,恒星多集中在银盘上围绕银河系中心的一些螺旋状区域(旋臂)内。综上所述,可以推断我们所居住的银河系是一个包含约2 000亿颗恒星、直径约为100 000光年的螺旋星系,而太阳系位于距离银河系中心约27 000光年的位置。值得注意的一点是,整个银盘上各半径处的平均(重子)物质密度基本是个常数。星系旋转时,密度波在银盘上传播,触发了波面所经过区域的恒星形成,使得旋臂区域显得格外明亮。

图 1.5　银河系近红外观测图像

该全景图囊括了2微米全天巡天望远镜(Two Micron All-Sky Survey(2MASS))的全天观测结果。图片正中间显示的是银河系中心的位置,朝向人马座(Sagittarius)方向。可以发现银河系中心有一个小的花生状的鼓起,通常称为核球,它是SBc型螺旋星系的典型结构之一。(马萨诸塞大学(University of Massachusetts)/红外处理分析中心(IR Processing & Analysis Center)/加州理工学院(Caltech)/美国国家航空航天局(NASA))

天体物理学家们对银河系旋臂的准确形状和结构及其成因还存有争议,原因之一是我们所在的位置只能从侧面观察银盘,这使得了解旋臂的结构变得非常困难,因此还需更细致的对银河系物质分布的数值模拟来给出进一步的答案。除此之外,星系中的尘埃云[①]会遮挡后方的恒星,吸收它们所发出的可见光而产生消光现象,这也增加了观测工作的复杂性。为了避免这个问题,可以采用红外波段观测的方法,因为红外辐射不会被星际

[①] 译者注:星际介质(ISM)分布于星系内,主要有气体(gas)和呈极小颗粒状的尘埃(dust)两种状态,如果成团分布,呈云雾状,就分别叫作气体云(gas cloud)和尘埃云(dust cloud)。而分布在星系与星系之间的气体和尘埃物质称为星系际介质(IGM)。

尘埃吸收。20世纪90年代，地面望远镜的观测首次克服了这一障碍，发现银河系的中心存在一个棒状结构，天文学家们因此逐渐认为银河系更可能是一个棒旋星系而非普通的螺旋星系。近期来自斯皮策空间望远镜（Spitzer Space Telescope）的观测数据为我们提供了更多关于银河系旋臂结构的信息。不同于之前认为的四旋臂结构，新的观测数据显示银河系实际上只有两个主旋臂，以及围绕这两支主旋臂的一些次级结构（图1.6）。

图1.6　从垂直银盘方向观察到的银河系的示意图

对银河系结构的探测可以由射电望远镜或远红外望远镜来实现。这两种波长的电磁波不会像可见光那样被星际尘埃吸收而产生消光。斯皮策空间望远镜进行了一系列红外波段的观测，结果显示我们的银河系包含两支主旋臂，分别由中心旋棒的两端延伸而出。太阳系位于图片中心下方两支主旋臂之间的被称为猎户座旋臂的次级旋臂上。（NASA/JPL-Caltech）

20世纪上半叶，天文学家沃尔特·巴德（Walter Baade）在研究恒星类型的过程中提出了星族的概念。他依据恒星光谱谱线宽度的不同，将银河系内的恒星分为两个星族（第Ⅰ星族和第Ⅱ星族）。之后的研究表明，恒星光谱的不同是由恒星金属丰度的差别所导致的（天文学中将所有质量数大于氢的元素统称为金属元素）。第Ⅰ星族恒星是富含金属的年轻恒星，主要分布在银盘上，尤其是旋臂内，它们的金属丰度与太阳接近。可以推测形成这些恒星的尘埃云也必然富含金属元素,而这些金属元素是由先前世代的恒星在死亡时抛射出的。与第Ⅰ星族恒星相反,第Ⅱ星族恒星形成于金属元素较贫瘠的环境中,是低质量年老的恒星(年龄在110亿到130亿年,而太阳的年龄仅有50亿年)。研究表明第Ⅱ星族恒星并不集中在银盘上,而是散布在一个球状的晕(银晕)中。银晕中几乎没有正在形成中的年轻恒星,因此显得灰暗不活跃,很难被观测到。这也是为什么我们肉眼观察时只能看见明亮的银盘,却感觉不到银晕的存在。

银晕被认为是银河系最早形成的结构,在大约120亿年前几乎全部由宇宙原初气体形成,因此几乎不含任何金属元素。银河系的第一代恒星中只有质量最小的一部分仍然存活至今,其他的都已经耗尽燃料而死亡了。质量最大的那部分恒星在死亡时发生超新星爆发,在这个过程中向外喷射大量富含碳、氧、铁等重元素的气体,提高了周围星际介质的金属丰度。在大质量的第一代恒星死亡之后,这些富含金属元素的星际介质渐渐坍塌形成银盘,随后又在漫长的时间里形成了包括太阳在内的许多年轻的恒星以及围绕它们运转的行星。如今,天文学家已经辨认出银河系由核球、薄盘、厚盘、内银晕和外银晕几个形成于不同时期(也因此包含不同星族的恒星)的结构组成(图1.7)。

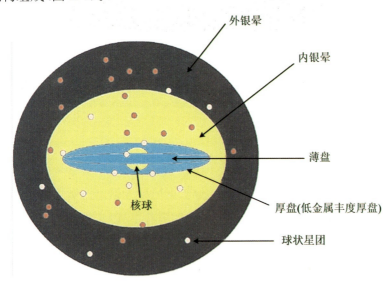

图1.7　银河系结构图

沿用传统的"先后颠倒"的命名方式,天文学家们将宇宙早期由原初气体形成的极端大质量、极端炙热并且不含任何金属元素的最初一代恒星称为第Ⅲ星族恒星。这些恒星仅仅包含大爆炸后不久原初核合成过程中形成的那些元素(参见第5页脚注①)。

1.3 银河系的更深处

就像从远处看一片大森林没有办法感受到它的深度一样,银河系内距离我们较遥远的那些恒星看起来也都像是被摆放在天空中与地球距离相同的一个球面(天球)上。观测这些恒星时,我们无法获得任何关于深度、体积以及密度的信息。但为了估算银河系内的恒星中所包含的重子物质的总量,我们需要知道单位体积空间内的恒星数目(即恒星密度)。天文学研究中一般以每立方秒差距体积内包含多少倍太阳质量的物质($M_\odot/\text{pc}^3$)作为物质密度 ρ 的单位,类似地,把每立方秒差距体积内辐射总光度为太阳总光度的多少倍($L_\odot/\text{pc}^3$)作为光度密度 ℓ 的单位。因此我们仍需要想办法从二维的银河系观测图像中了解第三个维度(深度)的信息,哪怕这些不寻常的方法只能适用于很小一部分特定类型的恒星。天文学家们找到的方法是借助计算机模拟技术。以引力定律等已经被反复验证过的基本物理定律为基础,利用计算机模拟银河系中的物

银河系由图示的几个形成于不同时期而包含不同星族恒星的结构组成。核球是银河系中心的一个球状区域,主要由年老的第Ⅱ星族恒星构成。相比于太阳,这一区域内恒星的金属丰度较低。此外,天文学家们认为核球中心(银心)还隐藏着一个超大质量黑洞。银盘是银河系内一个扁平的盘状结构,包含两支主旋臂,我们的太阳系也位于其中。银盘主要由第Ⅰ星族恒星构成,通常分为金属丰度较高的薄盘和低金属丰度厚盘两个区域。银晕是包含年老的第Ⅱ星族恒星的一个球状的区域。银河系除了核球和银盘的其他部分都属于银晕。近期的研究认为可以进一步分为内银晕和外银晕两个部分。其中内银晕形成较早,相对外银晕金属丰度较高,几乎没有相对银心的净转动。一般认为内银晕是在最早期形成银河系的几次大的碰撞、合并事件中同时形成的。而外银晕是较晚形成的、金属丰度较低的银晕部分,相对于银心有微小的逆向转动。研究认为外银晕是银河系形成之后吸积周围的矮星系而形成的。(蒂莫西·比尔斯(Timothy Beers),密歇根大学(University of Michigan))

物质、暗物质和反物质

质及其相互作用,从而对例如距离银河系中心不同半径处的恒星密度等信息给出理论上的预计。当然,这些理论模型给出的预测结果还需要再被"投影"成二维的观测图像,与实际观测到的天空中不同区域内恒星的数目进行对比,以验证理论模型正确与否。有了上面的对恒星密度的理论预计,就可以通过简单的数学计算得到我们想要的结果:银河系给定区域内的恒星总数和总光度。事实上,若假设银河系所有区域的恒星密度都和太阳系附近区域相同,就可以对银河系内全部恒星所包含的重子物质的总质量做出最简单的近似估算。然而,即使我们已经计算出了银河系内全部恒星所包含的重子物质的总质量,这是否就是银河系所包含的全部重子物质?

实际上,我们的任务还没有完成。除了恒星,银河系的许多其他组分,比如尘埃、气体等也是由重子物质构成的,这部分重子物质也是不能被忽略的。一个不好的消息是,这些银河系的其他组分几乎不发出可见光波段的辐射,无法被光学望远镜观测到。但好消息是,除了可见光波段,天文学家们现在还可以拍摄银河系其他各个波段的图像,当然这需要使用相应波段的专门的望远镜(图1.8)。例如,宇宙背景探测者卫星(COBE)被设计成专门用于探测宇宙微波背景辐射,红外天文卫星(IRAS)则用于探测红外波段的电磁辐射。这些卫星所拍摄的银河系图像可以帮助天文学家找到星际尘埃的踪迹(图1.9)。

在经过一系列长期的、异常艰苦的观测和计算工作之后,天文学家们终于估算出了银河系中的重子物质的总量。不过我们所做的这种估算仍有很大的局限性,它适用于太阳系附近的区域,但并不一定能代表银河系全部的区域,更不用说更大尺度的宇宙空间。宇宙学家们肯定不会满足于此。我们现在就像是只对我们的邻居做了民意调查,要想准确预计选举的结果,明智的方式是寻找更具代表性的选民样本进行调查。

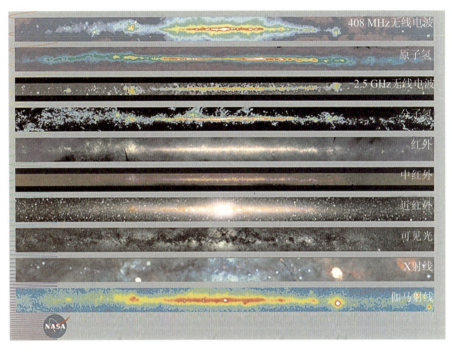

图 1.8　银河系多波段观测图像

近几十年来,各类地面望远镜和空间望远镜的建设和使用,极大地扩展了所能探测的电磁波的波长范围,对银河系的研究也因此受益。图中显示的是几个空间和地面望远镜巡天项目所拍摄的银河系盘面附近区域的图像。其中既有针对某些特殊谱线的探测也有连续波段的探测,所覆盖的频率范围跨越了 14 个数量级,从 408 MHz 的无线电波(最上方图)到伽马射线(最下方图)。每张图片显示的都是以银心为中心,银河系坐标水平方向 360° 视角、垂直方向正负 10° 视角范围内的假色图像。在可见光图像中星际尘埃聚集的区域显示为没有亮光的黑色。它上方的近红外图像显示出了年老的恒星的分布情况,这是由于这些恒星所发出的近红外辐射不会被星际尘埃吸收。再上方两幅图像(红外和中红外辐射波段,较近红外辐射波长更长)显示的则是星际尘埃本身所发出的电磁辐射。可以看出这些尘埃物质分布在厚度不超过 500 秒差距而直径达到 30 000 秒差距的一个非常纤薄的盘状区域内。在这个明亮薄盘的上下略暗的部分显示的是太阳系周围的尘埃物质,因为我们是从太阳系内部观察这些尘埃云,这就使它们看起来占据了垂直方向很大的视角范围。再上方图像显示的是分子气体产生的辐射,波长比红外线更长。分子气体集中的区域包含许多正在形成中的恒星。最下方的 X 射线和伽马射线图像显示的是一些活动最为剧烈的高能天体(脉冲星、超新星遗迹等)。对比可见光和 X 射线的图像可以看出,星际尘埃不仅吸收可见光也吸收 X 射线,它分布的区域在两幅图像中都呈现暗色。最下方图像显示出了银河系中心的超大质量黑洞附近高强度的伽马射线辐射。每一个小图片显示的区域约为全天的六分之一,垂直方向的总视角约为满月视角的 40 倍。(美国国家航空航天局戈达德太空飞行中心国家空间科学数据中心 (National Space Science Data Center at NASA Goddard Space Flight Center))

物质、暗物质和反物质

图 1.9 全天远红外观测图像

波长 100 微米的远红外波段全天观测图像,可以看出与可见光波段的观测图像有着非常明显的区别。这个波段辐射的主要来源是巨大的尘埃云被恒星辐射出的光子加热后产生的较低频率的红外辐射。相较而言,恒星本身在这个波段产生的辐射是可以忽略的。尘埃会遮挡它后方恒星的星光,因而在可见光波段的观测图像中其分布区域呈现暗色,而在远红外波段星际尘埃本身却戏剧性地发出明亮的光。图中最明亮的狭长带指示了银河系中星际尘埃最为集中的区域,它呈非常纤薄的盘状。狭长光带的上下方略暗的丝状发光区域显示的是太阳系周围的尘埃介质从我们的视角观察时在天球上的分布情况。该图像是结合红外天文卫星和宇宙背景探测者卫星的观测数据绘制而成的,为了突显出银河系中星际尘埃的分布情况,已经将其中的点源抹去了。(IRAS/COBE)

1.4 重要的关系式

尽管我们估算宇宙中重子物质总量的第一步努力并没能得到完整的答案,但也绝不是一无所获。其中一个收获是研究中发现不同星族恒星的质量和光度也非常不同。我们可以定义一个参数——恒星的质光关系(质光比,MLR)[①]来概括恒星的质量、光度两个性质。不同星族的恒星有各自典型的 MLR 值。如果我们能通过多波段的观测确定一个遥远的星系中不同星族的恒星在全部恒星中所占的比例,再利用已知的恒星质光关系,

---

① 恒星的质光关系(质光比,MLR)表示为质量密度 ρ(定义为质量 M/空间体积 V)和光度密度 ℓ(定义为总光度 L/空间体积 V)的比值,即 $MLR = M/L = \rho V/(\ell V) = \rho/\ell$。

就可以通过简单的算术运算将观测得到的总光度转化为那个遥远星系的恒星总质量。这不正是我们所想要的结果吗？任务达成！

比起质量密度 ρ 本身，在宇宙学研究中更喜欢使用归一化的质量密度（密度参数 Ω），为此宇宙学家们引入了一个归一化系数——宇宙临界密度 ρ_c。ρ_c 是宇宙学模型中的一个重要参数，它是区分宇宙空间的性质是"开"或"闭"的临界密度。在标准宇宙学模型中它的值约为 $1.6\times10^{11}\ M_\odot/\mathrm{Mpc}^3$ 或 $10^{-29}\ \mathrm{g/cm}^3$。

比起总的密度参数 Ω，我们更常用到的是重子物质密度参数 Ω_b[①]，下标 b 表示这一参数仅计算重子物质。Ω_b 是归一化了的、无量纲的密度参数（重子物质密度参数 Ω_b = 重子物质密度 ρ_b/宇宙临界密度 ρ_c），可以方便地与构成宇宙的其他物质或能量组分的密度参数进行比较。而重子物质密度参数还可以进一步细分为不同状态的各类重子物质（如恒星、气体、尘埃等）的密度参数，它们的总和等于总的重子物质密度参数。在第 4 章中我们会详细地讨论各类重子物质在总重子物质中所占的比重。

看来我们这一章探索宇宙重子物质的初步尝试是要"空手而归"了，显然这最主要是由于我们的旅程始终停留在银河系内的缘故。见一叶不足以知一木，见一木不足以知一森林，也许是一叶障目呢？是需要我们走出去的时候了，去到银河系之外……

[①] 宇宙学中用 Ω 表示构成宇宙的各种物质/能量组分的归一化的密度参数，Ω_x = 宇宙中 x 组分的密度 ρ_x/宇宙临界密度 ρ_c，其中下标 x 用于指示所包含的具体物质/能量组分（例如 Ω_b 表示宇宙中全部重子物质的密度参数）。

第2章
星云的王国

在天国，一切存在于一切之中，一切即是一，一切属于我们。

—— 迈斯特·埃克哈特（Meister Eckhart）

要想"称量"宇宙中的重子物质总量，仅仅研究我们自己的银河系显然是不够的。这是个必然的结论。好在幸运的是，天空中有许许多多银河系的"兄弟姐妹"，这使我们有可能把它们作为一个整体，进行更全面的研究。

2.1 宇宙岛屿

"宇宙岛屿"和"星云"都是之前人们对星系的称呼。在以哈罗·沙普利(Harlow Shapley)和希伯·柯蒂斯(Heber D. Curtis)两位天文学家为首的一场大辩论[1]中最终确认它们都是存在于我们的银河系之外的天体系统。暂不讨论不规则星系(宇宙早期形成的星系大多属于此类)，星系可以根据它们的形态特征分为两个大类：螺旋星系(包括一般的螺旋星系和棒旋星系)呈盘状，包含一个由恒星构成的中心核球；而椭圆星系则看起来像一个橄榄球(图2.1)。这些宇宙居民是怎么形成的，它们有什么特性，尤其它们为什么呈现出三种不同的主要类型，这些都是仍有待深入研究的

---

[1] 这场大辩论所争论的问题是当时所观测到的"星云"是否位于银河系之外。参见 http://antwrp.gsfc.nasa.gov/diamond_jubilee/debate.html。

课题。目前所能确定的是在星系孕育的过程中起到了至关重要作用的驱动力是引力。物质间的引力使得宇宙中的暗物质和重子物质聚集，逐渐形成了星系。同样也是引力维持着初生星系的稳定，并最终把它们塑造成了上面提到的三种形态。

图 2.1　不同类型的螺旋星系和椭圆星系

(左上)属于大熊座(Ursa Major)的一个 Sc 型螺旋星系 NGC 5457(M101)。(左下)属于波江座(Eridanus)的一个 SBb 型棒旋星系 NGC 1300。银河系被认为是 SBc 型棒旋星系。(右上)属于室女座(Virgo)的一个非常接近球形的 E0 型椭圆星系 NGC 4458。(右下)属于室女座的一个椭率较大的 E5 型椭圆星系 NGC 4660。(NASA/STScI/哈勃传承计划团队(Hubble Heritage Team (STScI/AURA)))

随着星系形成过程的进行，盘状的星系逐渐获得了角动量。这简直就是一个赐予天文学家的恩惠，天文学家们可以根据牛顿万有引力定律，由所观测到的螺旋星系的转动推算出它的总质量。通过仔细测量星系的旋转曲线①(图 2.2(b))并运用引力定律进行分析，可以很方便地确定所观测

---

① 螺旋星系围绕其中心旋转，星系某一区域的旋转速度可以通过观测该区域所发出的电磁辐射的频率的变化来确定(多普勒效应)。测量辐射频率(或者波长)的变化可以推知旋转速度，由此就可以画出星系不同区域的旋转速度与它到星系中心距离的关系曲线，即旋转曲线。通常星系的旋转速度在距星系中心一定距离之外趋近一个定值(图 2.2(b))。可见螺旋星系既非像刚体那样自转(例如旋转的陀螺，转动速度正比于到中心的距离)，也并不类似行星围绕太阳的运动，在这种情形中行星的轨道速度随轨道半径的增大而减小(图 2.2(a))。

物质、暗物质和反物质

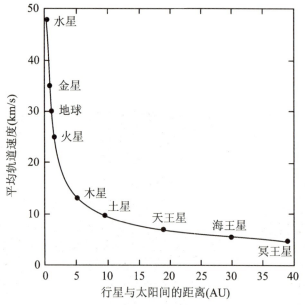

(a) 行星围绕太阳运转的轨道速度与轨道半径的关系曲线

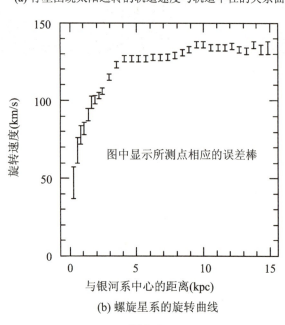

(b) 螺旋星系的旋转曲线

图 2.2

(a)太阳系的质量可以认为主要集中在行星轨道以内的区域，图示的曲线与牛顿引力理论预测的结果相符。(b)图为星系盘面上的物质绕其中心旋转的轨道速度随它到星系中心距离变化的关系曲线。其中旋转速度是通过测量星系不同区域辐射的电磁波波长的红移（多普勒效应）来确定的。星系的旋转曲线表现出与行星的旋转曲线非常不同的特点，这说明星系的质量并非集中在绝大多数恒星分布的中心区域。

星系的总质量。用这类动力学方法所测得的质量被称为"动力学质量"，以区别于通过其他估算方法所测得的天体质量。星系的动力学质量是一个至关重要的参数，它是星系总质量的一个可靠的参考值，并且不需要了解星系的具体构成就可以测得。通过这种方式，我们就可以直接"称量"螺旋星系甚至其他类型的星系，而不再需要去计算每个星系内所包含的恒星的数目了。

后面我们会看到，把星系的动力学质量与通过其他技术手段得到的星系质量进行对比，将会得到一个惊人的基本结论。

2.2　冰山般的星系

对河外星系进行观测时，我们遇到了一个困难：这些星系距离我们更加遥远，星光更为暗淡，因此也就愈发难以被观测到。不仅如此，由于距离相当遥远，想要分辨或者计数这些星系中一个个发光的恒星已经不再可能了。当然，遥远的星系呈现在天空中的视角很小，这是一个优势，意味着我们可以通过单次曝光将整个星系拍摄下来，并直接估计出它的总光度。此外，对于邻近的河外星系，我们还可以很容易地研究它们在宇宙各个不同区域的分布情况。这正是天文学家们推动的斯隆数字化巡天（Sloan Digital Sky Survey，SDSS）项目想要达成的伟大目标：建立一个包含上亿个河外星系的数据库。SDSS 项目是观测天文学历史上最具雄心和影响力的巡天计划之一[①]。该项目使用美国新墨西哥州阿帕奇山顶天文台（Apache Point Observatory）的一个直径 2.5 米的望远镜（图 2.3），并且在望远镜上装备了两个功能强大的专用仪器。120 兆像素相机每次可以拍摄 1.5 平方度范围的天空图像，大约是满月所占天空区域的 8 倍。一对利用光纤传输数据的摄谱仪可以在单次观测中测量超过 600 个星系和类星体的光谱

---

① 更多相关信息，参见 http://www.sdss.org。

(由此可推算出这些天体的距离)。此外还有一套专门设计的数据传输通道软件用于处理来自望远镜的海量数据。

图 2.3　美国新墨西哥州阿帕奇山顶天文台 2.5 米斯隆数字化巡天望远镜的照片
取自 SDSS 网站 http://www.sdss.org/gallery/。

经过八年多的望远镜观测(SDSS-Ⅰ,2000~2005;SDSS-Ⅱ,2005~2008),由 40 名项目研究人员对数据进行管理和分析,SDSS 项目已经获得了覆盖超过全天四分之一区域的深场多色图像,并且绘制出了包含超过 930 000 个星系和超过 120 000 个类星体的三维地图。第三期斯隆数字化巡天项目(SDSS-Ⅲ)已经于 2008 年 7 月启动,要利用 SDSS 的仪器设备完成四个新的巡天观测计划。SDSS-Ⅲ一直持续运行并公布数据至 2014 年春。目前 SDSS-Ⅳ(2014~2020)正在进行中。

SDSS 团队精确光谱分析的结果使得天文学家们同时确定了数千个星系的位置、光度以及其中各星族恒星所占比例等信息，并由此推算出星系的典型质光比 MLR（目前的理论和观测都认为，同一类型的星系具有大致相同的质光比）。SDSS 的观测所涵盖的星系足以构成一个真正的代表性样本，因此所推算出的典型质光比也应是普遍适用的。在投入了大量的望远镜时间以及无数辛勤汗水之后，研究人员们终于利用所获得的海量数据估算出了恒星中所包含的重子物质的含量 $\Omega_{b\text{-stars}}$（在前面的章节中 Ω_b 已经被用于表示总重子物质的密度参数了）。

假设宇宙总能量/物质含量为 $\Omega_{tot} = 100\%$，表 2.1 和图 2.4 显示了科学家们估算出的星系中各种形式的重子物质的含量，可以看出恒星所包含的重子物质仅占宇宙总能量/物质中极其微小的一部分（大约 0.25%），也仅是宇宙全部重子物质中很小的一部分。但有关宇宙重子物质的故事还远没有结束。之前我们曾提到了星系的总质量可以通过例如测量螺旋星系的旋转曲线等方法测得，通过这类动力学方法测得的星系质量称为星系动力学质量。我们可以用此类方法测量足够多星系的动力学质量。对比大量星系的光度质量和动力学质量的结果显示，星系的动力学质量要比星系中恒星所包含的重子物质总质量高出 5～10 倍。这个巨大的矛盾要如何解释呢？或许星系中仍有大量隐藏的重子物质，它们逃过了天文学家们天罗地网的巡天搜索，又或许我们还需要为这个矛盾寻找其他的解释……看来我们计算宇宙中重子物质总量的任务非但不能收工，反而需要再拓展一下研究领域。

表 2.1　星系中以恒星以及气体形式存在的普通物质（即重子物质）在宇宙总能量/物质中所占的比重（用各自的重子物质密度参数 Ω_b 来表示）

不同形式的重子物质	在宇宙总能量/物质中所占的比重
恒星 $\Omega_{b\text{-stars}}$	～0.25%
原子气体（氢、氦）$\Omega_{b\text{-H I + He I}}$	～0.06%
分子气体 $\Omega_{b\text{-H II}}$	～0.016%
总量	～0.32%

物质、暗物质和反物质

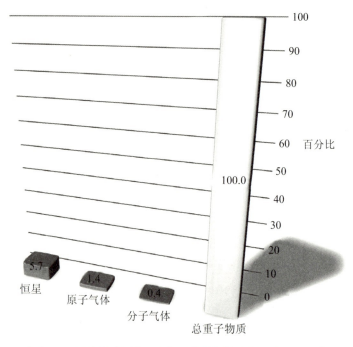

图 2.4　各类重子物质在宇宙总重子物质含量中所占的比重

图中显示了星系中的恒星、原子气体和分子气体中所包含的重子物质占宇宙总重子物质的百分比。可以很容易看出还有很大一部分的重子物质仍然下落不明。

2.3　星系内的群落——星际介质

那么,那些失踪了的重子物质都藏在哪里了呢?以银河系为例,我们还应该想方设法计算一下其中不发出任何可见光的那部分普通重子物质的质量:它们可能以气体(原子气体或分子气体)、尘埃(指的是星际介质中小颗粒状的物质,通常以硅酸盐的形式存在,即我们常见的沙粒)等形式存在于星系中。星系中的原子气体——最主要的是星际介质中原子状态的氢——是非常稀薄、非常冷的。这样的气体不会发出任何可见光(例如氖管中的氖气等能发出可见光的气体与星际气体的性质不同,这些发光气体非常稠密,且气体原子处于激发态,当受激气体原子从激发态回到基态时,轨道电子发生能级跃迁,就会发射相应频率的光子)。要发现这些气体只能通过观测它们对其他天体辐射的吸收(背景恒星发出的光穿过星际气体时,其中特定波长的辐射会被气体吸收,该吸收线的强度和所对应的频率可以反映星际气体密度和组分等方面的特征)或者观测星际气体中的氢原子自旋翻转(又称"超精细结构"能级跃迁)产生的波长为21厘米的电磁辐射(微波波段的无线电波),可见探测星系中的气体成分需要借助射电望远镜来实现。分子气体的情形与原子气体类似,只是它们所产生的吸收线或发射线的频率(能量)都要较原子气体更低一些,但对其进行探测同样需要借助射电望远镜。各类射电观测的结果为我们展示了星际介质这一"宇宙群落"的成员状况:其中既包含像一氧化碳、水和甲烷这样的简单分子,也存在结构非常复杂的有机物成分,例如由20个碳原子构成的、结构类似苯的环状有机分子。

通过对星际介质的仔细研究,天文学家们已经知道了其中不同的组分各自的含量。尽管最终的结果只是表格中简单的几个数字,背后却是许许多多科学家所花费的难以想象的时间和精力。不过最为令人感到沮丧的是,这些煞费苦心才得到的数字居然如此之小:我们所找到的全部重子物质(包含在恒星和星际介质气体中的)仅是全部重子物质的百分之几(见表2.1、图2.4),更只占到宇宙总能量/物质的大约0.32%！

综上所述,尽管我们似乎已经对星系内所有看得见的和看不见的重子物质都进行了搜索,但所得到的总质量与预期仍有相当大的差距。一方面,星系中的重子物质并不是构成宇宙能量/物质的主要部分;另一方面,它们也不能完全解释由所观测到的螺旋星系旋转曲线所推算出的星系的动力学质量(更不用说其他类型的星系)。已经发现的众多星系的动力学质量与它们的(广义的)光度质量之间的巨大差距(类似地,星系团的动力学质量与它的广义光度质量之间也存在很大差距)促使我们做出这样的猜想:宇宙中还隐藏着巨大质量的暗物质[①]。我们可以打这样一个比方:如

[①] 暗物质很可能是由超出粒子物理标准模型的一些理论模型中已经预言的、但尚未被发现的某种粒子所构成的物质。对星系和星系团的动力学分析以及引力圆环的发现都证明宇宙中存在着大量隐藏的物质,也就是这里提到的暗物质。

物质、暗物质和反物质

果星系是海中的一座遥远的冰山,其中的发光物质就只是它露出海面的一角而已,海面之下还隐藏着更为庞大的无法直接"看"见的暗物质。而我们所得到的这些令人沮丧的结论也向科学家们提出了新的问题:这些暗物质的本质是什么?是否是我们尚未发现的某种重子物质?

2.4 恒星与晕族大质量致密天体(MACHO)

对螺旋星系以及星系团的观测结果无可辩驳地显示了它们的动力学结构,即螺旋星系旋臂的旋转或星系团内星系的相互绕转,并不能完全由星系或星系团中的可见的组分来解释。为了解释这个矛盾,我们或者需要修改引力定律,或者需要假设存在大量的暗物质(约占宇宙全部物质的80%)。尽管仍有研究者在尝试修改引力定律这种可能,但多数物理学家并不喜欢这个想法。如果我们更相信第二种可能性,即暗物质的假设,那么暗物质应该是一种什么样的物质,才使得它能够在天文学家的各种望远镜前隐身?

到目前为止,我们所提到的恒星都指的是发光的天体。恒星辐射出的光子来自恒星内部剧烈的热核反应。我们的太阳就是一个典型的恒星,它已经燃烧了大约50亿年,通过计算太阳核心的氢核聚变所能持续的时间,我们知道它还将继续燃烧大约50亿年。然而,要引发这类核反应,恒星中心的密度和温度需要满足一定的条件。研究发现[①],恒星的质量是决定它们寿命的最重要因素。结论可能和你所想的正相反,恒星质量越大,它的寿命反而越短。

恒星要保持稳定,其内部必须维持极高的压强来平衡外部大质量壳层的重力,阻止恒星向内塌缩。如果恒星内部气体的压强足够高,其中的原子核就能具有足够的动能,抵抗彼此间的静电斥力,相互碰撞发生核聚变,释放出的能量以光子辐射的形式逃出恒星。由已知的气体压强与温度间

---

① 可参考梅热(A. Mazure)和巴萨(S. Basa)所著的《爆炸的超级恒星》(*Exploding Superstars*)(斯普林格/实践出版社(Springer/Praxis),2009)。

的关系,可以推算出恒星质量至少要达到百分之一太阳质量才可能点燃恒星这个宇宙核反应堆。如果恒星的质量没有达到上面的要求,其内部的热核反应就无法开始,也就不会产生任何辐射。我们有时把这种不发光的暗天体称作"失败的恒星",但它们有更正式的名字,叫作棕矮星(图2.5)或者晕族大质量致密天体(MACHO)①。自然,MACHO也被科学家们认为是"消失的质量"或者说"暗物质"的一个很可能的候选者。根据定义,棕矮星或MACHO属于暗星,至少仅考虑可见光波段辐射时是如此,这些天体的典型温度在几百摄氏度,因此它们的热辐射仅在红外波段。通常而言,质量较小的恒星在宇宙中的数密度更高,因此可以预计棕矮星(即MACHO)是宇宙中非常常见的天体。尽管单个棕矮星的质量和体积都较小,但它们在宇宙中数量众多,总质量仍然可能非常可观,足以构成宇宙隐藏的物质中重要的暗重子物质部分②。

图2.5 棕矮星(中间)、太阳(左)和巨行星木星(右)的相对大小

尽管棕矮星的大小与木星相近,但它的密度要比木星大得多,并且能发出红外波段的电磁辐射,而木星本身不发光,仅反射太阳光。(NASA/CXC/维斯(M. Weiss))

---

① MACHO(发音"马口")是晕族大质量致密天体(Massive Compact Halo Object)的英文缩写。与WIMP(弱相互作用大质量粒子)相对应,MACHO也是暗物质的一个可能的候选者。
② 由于对宇宙中缺失的这部分重子物质的寻找始终徒劳无功,科学家们因此提出了暗重子物质的假设:这类重子物质不发出任何辐射,所以几乎无法被探测到。暗重子物质可能以棕矮星或者温度极低的分子氢的形式存在于宇宙中。

2.5 暗重子物质的传奇

20世纪80年代,波兰天文学家玻丹·帕琴斯基(Bohdan Paczynski)因为证明了棕矮星在星系晕中穿行时有可能产生(微)引力透镜效应而成名。我们知道,根据爱因斯坦和他的广义相对论,天体的运动也可以不用引力相互作用而采用质量导致周围时空的弯曲来理解。广义相对论不仅适用于解释行星的运动轨迹,电磁辐射以及构成它的基本粒子——光子的运动也遵循这一理论的规律。因此,一束光经过大质量天体附近时会发生偏转,就好像它是通过光学透镜被观察到的一样。这两种现象极其类似,这就是"引力透镜"这一名称的来由。当遥远星系所发出的光遇到由数百个星系组成的总质量高达百万亿(10^{14})倍太阳质量的星系团时,由于引力透镜效应而形成的图像是非常壮观的。所观测到的星系的图像是扭曲的,仿佛是透过玻璃瓶瓶底观察到的。若所观测的遥远星系、充当引力透镜的星系团以及观察者的相对位置适合,还有可能看到瑰丽的引力圆环(图2.6)。

图2.6 哈勃空间望远镜(Hubble Space Telescope, HST)所拍摄的星系团阿贝尔2218(Abell 2218)的图像

这是引力透镜效应一个非常壮观的示例。由于星系团内的星系分布较为紧密且总质量非常巨大,穿过它附近的光线在其引力场的作用下会发生偏折。这种现象使得星系团背后更远处天体源的图像被放大、增强和扭曲。(安德鲁·弗鲁赫特(Andrew Fruchter)(STScI)等, WFPC2, HST, NASA)

这些被弯曲放大的遥远星系的光学图像（有时也被称为天上的海市蜃楼）是由于在光传播路径上存在大质量的星系团而造成的。根据引力理论，光线会被质量巨大的天体的引力场弯曲。在透镜星系团的作用下，遥远星系的图像不只是被扭曲，同时也因为光线的汇聚被增强了，因而会显得更明亮一些（图2.7）。由于这个原因，其中充当引力透镜的星系团有时也被称为"引力望远镜"。

图2.7　天文学家们利用引力透镜效应发现的宇宙深处最年轻的星系之一

哈勃空间望远镜最先定位了这个新发现的星系。而位于夏威夷莫纳克亚山（Mauna Kea）的凯克天文台（W. M. Keck Observatory）更为细致的观测发现所接收到的光线可以追溯到宇宙仅有9.5亿岁的时期。由于"引力透镜"效应，这个遥远的星系所发出的光被位于它前方的一个大质量星系团阿贝尔383（Abell 383）的引力场增强了，使得它看起来较原本亮了11倍。（NASA/ESA/理查德（J. Richard）（法国里昂天文研究中心/天文台（Center for Astronomical Research/Observatory of Lyon, France））/柯乃柏（J.-P. Kneib）（法国马赛天体物理实验室）；致谢波兹曼（M. Postman）（STScI））

引力透镜效应不只发生在遥远的星系和位于中间的星系团这样的系统中。例如，银河系银晕中的棕矮星也可以作为一个微引力透镜，放大银河系的卫星星系之一——大麦哲伦星云(Large Magellanic Cloud)中的恒星所发出的光。这是探测潜在的 MACHO(即棕矮星)的一种非常值得考虑和尝试的方法。当然,MACHO 在银河系内也始终处于运动的状态,因此对于地球上的观察者来说,由微引力透镜效应产生的放大现象只可能是个瞬时事件。好在大麦哲伦星云内有上百万颗恒星,它们都可能被银河系内的棕矮星暂时地"点亮"。受到这一颇具潜力的探测方法的鼓舞,多个大尺度巡天计划(例如 EROS、AGAPE、MACHOs、OGLE、DUO 等)在 20 世纪 90 年代陆续开展起来,尤其是针对大麦哲伦星云的方向。当然,尽管有着数量巨大(数百万)的可搜索对象,观察到微引力透镜效应的概率仍然相当低。预计每搜索一百万颗恒星能观测到少数几个微引力透镜效应现象的事例,而这一现象所能持续的时间则取决于作为引力透镜的天体的质量以及"透镜"天体和"源"天体之间的相对运动情况。这种微引力透镜现象长则可以持续数十天(若作为透镜的天体质量达到十分之一太阳质量的量级),短则持续约一天时间(若作为透镜的天体质量不到太阳质量的百万分之一)。

正如几个研究组所做的,对大麦哲伦星云、仙女星系(Andromeda Galaxy)或银河系中心区域进行巡天观测,需要有大的成像系统(施密特相机或 CCD 阵列)。此外,还需要利用强大的计算机系统对所拍摄的数千张图像进行对比,从中找出某些恒星亮度的短暂变化。这种分析会因为宇宙中所存在的各种本身亮度发生变化的天体而变得更加复杂。当然这一困难可以通过在观测时同时使用不同波段的滤镜来解决,原因是引力透镜现象与其他的大多数恒星瞬时光变现象不同,它是与波长无关的。

经过几年的观测工作,分析了数千万颗恒星之后,科学家们得出了这样的结论:以棕矮星的方式存在着的重子物质的质量仅占全部重子物质的极小一部分。暗重子物质并不是消失的重子物质这个问题的救星,我们仍然需要继续寻找:是否还存在着其他类型的未知重子物质?

2.6　星系团

星系团是宇宙结构形成到目前为止所产生的质量和尺度最大的稳定的引力束缚结构(图 2.8)。一个星系团通常包含数百乃至上千个星系(若所包含的星系少于 50 个,则称之为星系群)、极其炙热的能产生 X 射线辐射的气体以及大量的暗物质。典型的星系团的空间尺度大约为五百万到三千万光年,总质量为太阳质量的 $10^{14} \sim 10^{15}$ 倍。星系团可观的质量使之成为研究宇宙物质及其分布的最佳观测目标。一个星系团中所包含的各个星系的速度弥散为 800~1 000 千米/秒。

图 2.8　哈勃空间望远镜所拍摄的壮观的后发星系团
(Coma Cluster of galaxies)的图像

这是宇宙中已知的最密集的星系集合之一。哈勃望远镜的先进巡天相机(Hubble's Advanced Camera for Surveys)拍摄到了这个星系团的大部分星系,它们跨越了数百万光年的距离。(NASA/ESA/哈勃传承计划小组(STScI/AURA))

星系团最早是在利用施密特望远镜进行星系统计的研究中被发现的。天文学家乔治·阿贝尔(George Abell)和弗里茨·兹威基(Fritz Zwicky)

发现天空中某些区域内星系的数目明显地高于其他区域。他们用图像展示了星系团和星系群的存在,当时所发现的星系团现在被分别记录在以他们名字命名的两个星系团的重要目录中。

由于暗物质的存在,星系团内的星系能够在引力作用下形成稳定的结构。星系围绕星系团的中心运动,相对速度可以达到每秒数百千米。天文学家可以利用光谱仪测量这些星系所发出的电磁辐射的多普勒频移,从而推知星系团中各星系的运动情况。

星系的这种自行使得要准确描绘星系团变得更为复杂了:目前天文观测实际上是由星系相对我们的视向速度(沿观察者视线方向的运动速度)再根据宇宙膨胀的公式推算出星系的距离。然而,如果我们所观测到的星系的视向速度的其中一部分实际是星系在星系团中的相对运动,而非完全由于宇宙膨胀,那么我们由此推算出的星系的距离也必然与真实的距离有所偏差了。这就是为什么从像图 2.9 这样的宇宙大尺度结构图中看见的

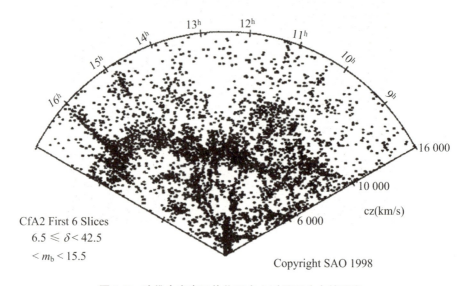

图 2.9　哈佛史密森天体物理中心对星系分布的研究

20 世纪 80 年代,哈佛史密森天体物理中心(Harvard Smithsonian Center for Astrophysics)启动了一项研究计划,目标是通过测量星系的速度 v,再利用哈勃定律($v = Hd$)推知星系的距离 d,从而描绘星系在宇宙中的分布。这是天文学家们最早期的对宇宙的大尺度巡天研究之一。这项研究的结果向我们展示了宇宙中所存在的星系际巨洞、星系纤维和星系"长城"这些结构。此外我们还发现了巨大的椭球状结构,它们的长轴均沿着观察者的视线方向。每一个这种结构对应一个星系团,其中包含数百个星系,目前天文学家们正在试图测量这些星系相对星系团中心的径向速度。

星系团都呈现沿视线方向伸长的椭球状。要确定星系团内各星系的速度弥散,需要首先确定星系团内的星系相对我们的"共同"距离(星系团本身的尺度要远小于它与我们之间的距离,因此可以假设其中所有星系与我们的距离都相同),由此可推知星系团相对我们的整体速度,再结合所测量到的各星系的运动速度推算出星系在星系团内部的相对运动速度。

20世纪90年代发展起来的一项了不起的技术——多天体分光技术让天文学家们可以在一次观测中同时测量数百乃至上千个天体的运动速度,这使得我们可以直接对宇宙的结构进行研究,而不仅仅是分析其中恒星的图像。正是得益于这种新型的观测技术,天文学家们确认了星系团的存在,并区分出了不同类型的星系团。

正如星系本身一样,星系团也是由原初宇宙流体中存在的一些"团簇"生长而成的。在引力的作用下,原初宇宙中的一些微小的密度超出会随着时间(即红移)缓慢增长,在某个特定的时刻(红移 z_{sep} 处),当密度增长到足够大时,这一结构就能够从宇宙膨胀中"分离"出来,开始收缩(图2.10)。当然,所形成的这一系统仍然要随着宇宙一起膨胀,因此在引力与宇宙膨胀的共同作用下,它在一段时间内将经历若干内部振荡过程,直到达到最终的稳定尺度 R_V。这样的引力束缚系统是稳定的,也称作维里化的,它的尺度即维里半径 R_V 约为几百万光年。

宇宙中的星系团以及构成星系团的各个成分(暗物质、星系和热气体)在共同的引力势(主要是由暗物质贡献的)的作用下形成了一个整体的平衡结构。在宇宙的大尺度结构图中,纤维状结构交叉点上的一个个"结"就是一个个星系团,它们被许多宇宙巨洞所包围(图2.11)。事实上,星系和气体会沿着这些纤维状结构"流动",通过星系团的末梢区域不断地补充到星系团中。在星系和气体进入星系团的过程中,相应的区域会伴随有一些剧烈的反应(潮汐效应、与星系团之间的气体相互作用等)。因此,星系团内只有最核心的部分才是真正稳定的。

尽管被叫作星系团,但我们现在已经知道星系团大部分是由暗物质(约占80%)和温度为数千万乃至上亿度的 X 射线热气体(约占15%)构

物质、暗物质和反物质

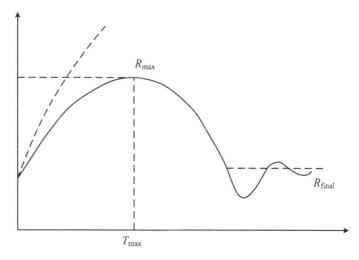

图 2.10　一个宇宙结构形成之前必须先从宇宙膨胀中退耦

图中显示了具有确定质量 M 的一团物质在形成最终的特殊结构的过程中它的尺度的变化。最初，这团物质持续膨胀（实线），但它的平均膨胀速率要低于宇宙的膨胀速率（虚线）。因此与宇宙的其他区域相比，这一区域的相对密度变得越来越大。到某个时刻（T_{max}），当该团物质的密度达到临界密度时，这一结构将会开始向内塌缩。在塌缩的过程中，系统内的气体或微粒的热运动速度会不断提高，压强也不断升高，直到压强能够抵抗引力塌缩，即系统的动能和势能相当时，系统达到维里平衡，而后系统会再度膨胀。这样的膨胀和塌缩的过程会反复地交替进行，直到达到一个长期稳定的尺度 R_{final}。

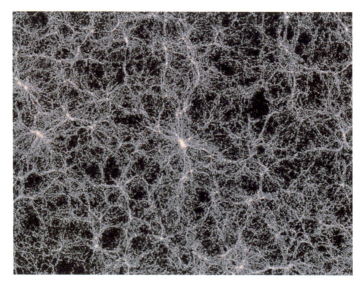

图 2.11　宇宙大尺度结构图

由室女座联盟（Virgo Consortium）通过超级计算机模拟宇宙的演化所得到的一幅宇宙结构图。其中发光的节点、纤维结构和宇宙长城构成了在外太空中我们所能观测到的宇宙大尺度结构。

成的，之后才是星系（约占 5%）。随着多波段观测技术的发展，天文学家们已经可以区分出星系团中的这些不同组分，并用不同的颜色分别描绘出来。例如，我们称之为"子弹星团"的星系团被证明是两个星系团碰撞的结果。这个系统在可见光和 X 射线波段都可以被清楚地观测到（图 2.12）。

图 2.12　"子弹星系团"——两个星系相碰撞

图为两星系团碰撞的合成图像，是由热气体的 X 射线辐射的观测图像与推算出的 1E 0657-56 星系团（俗称"子弹星团"）的质量分布图像叠加而得到的。图中所显示的星系团的质量分布是由引力透镜图像（即背景星系的扭曲）重建得到的。图中可以清楚地区分出有两个星系团。右侧体积较小的星系团看起来像是一个炮弹一样，刚刚穿过左侧体积较大的星系团。在这两个星系团碰撞的过程中，小星系团中的热气体与大星系团中的热气体相互碰撞，从而被减速。因此图中两团气体分布的区域相对两团质量分布的区域要挨得更近一点。在右侧，我们可以清楚地看到小星系团穿过大星系团而产生的一个冲击波形状的弧。除了 X 射线热气体以及质量的分布外，图中还合成了光学波段的观测图像来显示每个星系的位置。热气体、恒星物质和暗物质在两星系团碰撞的过程中的不同行为，使得我们能够区分出星系团中的这三种不同组分，从而验证星系宇宙学的模型。（X 射线图像：NASA/CXC/CfA/马克维奇（M. Markevitch）等；引力透镜图像：NASA/STScI，ESO WFI，麦哲伦望远镜（Magellan）/亚利桑那大学/克洛（D. Clowe）等；可见光图像：NASA/STScI，麦哲伦望远镜/亚利桑那大学/克洛等；克洛等，2006 年）

图中我们可以看到星系中热气体的分布情况（红色部分），这是由美国国家航空航天局的钱德拉 X 射线望远镜（Chandra X-ray Observatory）通过观测这些热气体所辐射的 X 射线而获得的。这些 X 射线热气体的分布本质上反映了星系团中重子物质的分布情况。由图中可以看到，星系团中的星系以及其中所包含的恒星实际上仅是星系团全部重子物质的一小部分,而重子物质本身也仅占星系团全部质量的一小部分。构成星系团大部分质量的是暗物质(图中蓝色部分),它们没有办法被直接探测到,这是因为暗物质不发出任何波段的电磁辐射。但是暗物质的存在会导致引力透镜效应,使其后方的背景星系被扭曲放大,通过分析这种效应我们就有可能"看见"这些暗物质,并且重建出它们在星系团内的分布情况。图2.12是把星系分布、暗物质分布和X射线热气体的分布叠加在一起的结果,其中最为引人注目的是热气体的分布相对星系和暗物质的分布都发生了偏移。这是由于两星系团碰撞的过程中,星系团的不同组分发生相互作用的方式不同而造成的。这对天体物理学家来说是一个伟大的进展,意味着他们可以分别"看到"星系团中的各个组分,并且"称量"它们各自对星系团总质量的贡献。同时,对这个星系团的分析结果也是暗物质存在的一个强有力的证据,因为修正的引力理论(MOND)无法轻易解释这一现象。

天文学家们还利用哈勃空间望远镜的观测数据推算出了暗物质在巨型星系团阿贝尔1689(Abell 1689)中心区域的分布情况。这个星系团距离地球约22亿光年,包含大约1 000个星系、上万亿颗恒星。类似地,阿贝尔1689后方的星光会由于这个星系团的存在而发生扭曲,天文学家们可以通过分析该引力透镜效应推算出其中暗物质的分布。研究人员分析了42个背景星系的135张引力透镜效应的图像,计算出了该星系团中暗物质的数量以及分布情况。如果这个星系团的引力场完全是由可见的星系产生的,那么引力透镜效应产生的扭曲应该比所观测到的要弱得多。所得到的暗物质分布图显示暗物质密度最高的地方在星系团的核心区域(图2.13)。

除了星系和暗物质,星系团内还包含大量热气体,它们主要是形成星系团的原初气体的残留。这些气体要在和星系相同的引力势中保持平衡,就需要具有足够的能量,这意味着它们的温度可以达到数百万度。这样高温度的热气体是电离的,并且会辐射X射线。利用XMM牛顿望远镜(XMM-Newton)或者钱德拉望远镜上对X射线极为敏感的设备,就可能对星系团进行大尺度巡天探测。在X射线波段,星系团呈现为一块辐射

图 2.13　巨星系团阿贝尔 1689 内的暗物质分布情况

这两幅由美国国家航空航天局的哈勃空间望远镜所拍摄的图像显示了包含约 1 000 个星系、共数万亿颗恒星的巨星系团阿贝尔 1689（Abell 1689）中心区域的暗物质分布情况。阿贝尔 1689 星系团距离地球约 22 亿光年。哈勃空间望远镜并不能直接探测暗物质。天文学家们通过分析引力透镜效应，即阿贝尔 1689 后方的星光被该星系团的引力场偏折的情况来推算其中暗物质的分布情况。研究人员分析了 42 个背景星系的 135 张引力透镜效应的图像，计算出了该星系团中暗物质的数量及其分布情况。他们把所推算出的暗物质分布用淡蓝色表示（第二幅），标记在哈勃先进巡天相机所拍摄的照片（第一幅）中。如果这个星系团的引力场完全是由可见的星系产生的，那么引力透镜效应产生的扭曲应该比所观测到的要弱得多。所得到的暗物质分布图显示暗物质密度最高的地方在星系团的核心区域。（NASA/ESA，科（D. Coe）（美国国家航空航天局喷气推进实验室（NASA Jet Propulsion Laboratory）/加州理工学院/STScI）、贝尼特斯（N. Benitez）（西班牙安达卢西亚天体物理研究所（Institute of Astrophysics of Andalusia，Spain））、布罗德赫斯特（T. Broadhurst）（西班牙巴斯克地区大学（University of the Basque Country，Spain））、福特（H. Ford）（约翰霍普金斯大学（Johns Hopkins University）））

超出的区域，很容易把它与恒星、星系或者类星体这些 X 射线源区别开来。

在宇宙空间中到处都弥散着温度为 3 K 的"化石"光子（称为宇宙微波背景辐射 CMB），星系团内当然也不例外。CMB 背景光子会与星系际的热等离子气体尤其是其中的电子发生相互作用。这种光子-电子散射会使得末态 CMB 光子的能量（即频率）发生变化。这种影响被称为"苏尼阿耶夫-泽尔多维奇（Sunyaev-Zel'dovich）效应"或者"SZ 效应"，可以在毫米波段被探测到。2009 年发射升空的普朗克卫星（Planck）在其头一年的观测中已经通过这种方法找到了大约 200 个星系团。

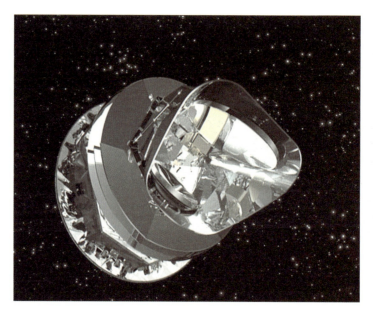

图 2.14　普朗克卫星的示意图

普朗克卫星于 2009 年 5 月 14 日连同赫歇尔空间望远镜（Herschel Space Telescope）一起发射升空，它的任务是以前所未有的灵敏度和角分辨率探测全天宇宙微波背景辐射的各向异性。普朗克卫星最初被命名为 COBRAS/SAMBA。1996 年底，该计划被正式批准之后，它被重新以德国科学家、1918 年诺贝尔物理学奖获得者马克思·普朗克（Max Planck，1858～1947）的名字命名。发射后第五十天，普朗克卫星在距离地球 150 万千米的日地系统的第二拉格朗日点（L_2）附近进入了它的最终运行轨道。

总之，通过采用多种多样的探测方法，我们已经可以计算宇宙空间不同红移处的星系团的数目。星系团数目随红移的变化是检验宇宙学模型、确定相关参数的一个关键。

第3章
变　　暖

3.1　炙热如火

听起来似乎有些令人遗憾，但科学家们所使用的研究技术的进步，甚至他们的一些发现，确实常常与政治或军事有所关联。航空航天技术就是这样一个例子，它最早是在二战期间发展起来的（虽然火箭实际上早在13世纪就已经被中国人用作武器），在冷战时期达到一个高峰。另一个引人注目的例子是被一种称为伽马射线暴的当时未知的天体的发现。这是20世纪60年代美国卫星对苏联进行间谍活动的一个意外结果[①]。

当时，美苏两大国签署了一项禁止大气层内核试验的条约。然而，美国担心苏联可能在太空，甚至是在月球的背面进行核试验。这种不信任促使美国试图通过探测核试验所产生的伽马射线（能量/频率位于最高频域的一种电磁波，图3.1）来监控苏联任何可能的秘密核试验。帆船（Vela）系列卫星上的探测器也确实探测到了可疑的信号，但经过分析发现那是来自遥远天体的伽马射线，而非来自地面或者近地太空。一个新的天文学领域就这样诞生了。

---

① 参考梅热和巴萨所著的《爆炸的超级恒星》（斯普林格/实践出版社，2009）。

物质、暗物质和反物质

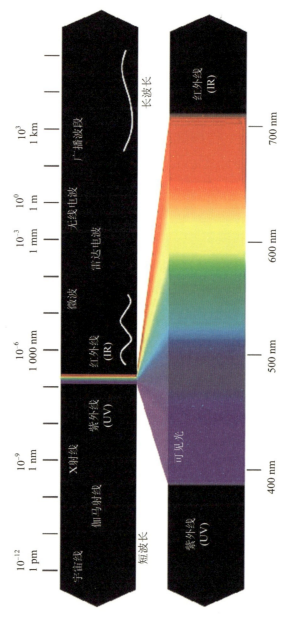

图 3.1 电磁波谱

电磁波的频谱从最低频率的用于通信的无线电波开始向高频延伸,到频率更高、波长更短的短波、微波、红外线、可见光、紫外线、X 射线,直到波长最短的伽马射线。电磁波的波长涵盖了从几千千米到一个原子大小的范围。一个物体的温度和能量越高,它所发出的辐射的频率或能量也越高。只有温度极高的天体,或者运动速度极高的粒子才可能产生如 X 射线或伽马射线这类高能的电磁辐射。

3.2 太空史诗

从伽利略和他的早期望远镜开始一直到20世纪,望远镜的尺寸变得越来越大,它们被更多地建在视线更为清晰的高山上,望远镜的光学元件和感光乳胶剂也得到了改进,所有这些进步都推动了天文学的发展。不过,这里所说的天文学还只是"可见光"的天文学。雷达是在二战期间被发明出来的,这些军用探测器之后在非军事领域的应用开辟了一个探索宇宙的新窗口,开创了射电天文学的时代。1965年阿诺·彭齐亚斯(Arno Penzias)和罗伯特·威尔逊(Robert Wilson)就利用无线电天线获得了一个重要的基本发现:探测到了宇宙微波背景辐射。然而除了可见光和无线电波,其他频率的电磁波就不是那么容易能被探测到了。地球的大气层构成了一个对其他波段电磁波的屏障,保护地球上的生命不受X射线和伽马射线的伤害。想要透过大气这层屏障探测到这些频率的电磁辐射,唯一的方法是到太空中去。空间天文学最早是从使用导弹火箭开始的。二战结束时在德国曾获得了一些V2导弹,之后这些导弹的弹头被替换成科学仪器,首要任务是对上层大气进行探测并进行气象研究。第一支科研用途的火箭(WAC Corporal火箭)于1945年发射升空,到达了海拔约60千米的高度(图3.2)。

1948年,美国海军研究实验室(US Naval Research Laboratory)的研究人员首次探测到了来自太阳的X射线。新一代更为强大的运载火箭诞生之后,类似的项目很快在欧洲也陆续地展开,例如法国发射的薇洛妮克火箭(Véronique launcher)和英国发射的云雀号(Skylark)。然而,直到1957年10月,苏联将第一颗人造卫星斯普特尼克一号(Sputnik 1)送入太空,才标志着人类真正地开始了探索宇宙的旅程。

物质、暗物质和反物质

图 3.2　1945 年发射的 WAC Corporal 火箭

第一支科研用途的火箭，WAC Corporal 火箭，于 1945 年发射升空。站在火箭旁边的是弗朗克·马利纳（Frank Malina），喷气推进实验室的第一任负责人，他是空间探索的一位先锋。现代的火箭，比如阿丽亚娜 5 号运载火箭（Ariane 5），高度超过 50 米，发射时的质量达到 500 吨（大约是埃菲尔铁塔质量的十分之一），由此可见火箭技术的进步。（加州理工学院喷气推进实验室）

3.3　X 射线望远镜和 X 射线探测器

　　X 射线是德国物理学家威廉·伦琴（Wilhelm Roentgen）在 1895 年发现的，是波长 0.01 埃到 10 埃之间（0.001～1 纳米）的一种电磁波。根据光子能量的计算公式 $E = h\nu$（其中频率 $\nu = c/\lambda$），可以知道 X 射线光子的能量为 1 eV 到 1 MeV 的量级。

能量这样高的 X 射线光子足以电离物质甚至破坏分子（这一特性可以应用于食品灭菌）。这种电离辐射对于生物来说显然是危险的，但如果控制得当，它们在放射照相和放射治疗方面是很有用处的。除了上述有益（抑或危险）的应用，X 射线还是天文学家探索宇宙的重要手段之一，因为研究发现大多数天体都会发出 X 射线辐射。

我们的太阳也会发出 X 射线辐射（图 3.3），当然跟那些正在经历剧烈的物理过程的天体，例如活动星系核、黑洞、超新星、伽马射线暴和激变变星这些 X 射线波段真正的"明星"比起来，太阳绝对是小巫见大巫了。恒星的塌缩和随后的爆发、形成喷流以及吸积，所有这些过程通常都伴随有 X 射线辐射。

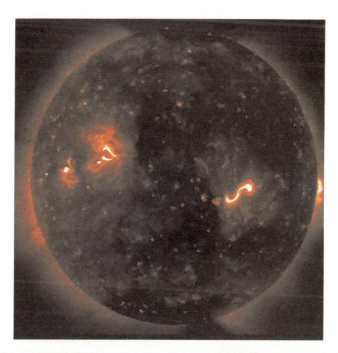

图 3.3 日出太阳探测卫星上的 X 射线望远镜拍摄的全日 X 射线图像

太阳多次大的爆发都被发现具有一个共同的特征：在爆发即将发生时太阳表面的活动区域会出现一个 S 形的结构。日出太阳探测卫星（Hinode）上的 X 射线望远镜（X-ray Telescope，XRT）所拍摄的全日 X 射线图像中清楚地显示出了这种 S 形的弯曲结构。图中太阳盘面右侧明亮的 S 形结构是在 2007 年 2 月 12 日的一次爆发即将开始时所拍摄到的。这样的 S 形结构在太阳的某次爆发前可以持续数日被观察到。

X射线光子很容易被物质吸收，这也是它能够在医学上被用于诊断拍照和治疗的原因。几张纸就足以阻挡能量在 0.5 keV 至 5 keV 的 X 射线辐射。可想而知 X 射线无法穿透地球的大气层，这就是为什么 X 射线天文学是伴随着航空航天技术的发展，在我们最终能够突破大气层这个既保护了我们也把宇宙部分隐藏起来的障碍之后而诞生的。最初是使用气球和火箭，而后是人造卫星，一个新的时代就这样开始了。然而，进入太空并不是 X 射线天文学唯一需要跨越的障碍。

对于光学望远镜，可见光几乎是垂直地入射到望远镜的镜面上，而后被反射聚焦到接收器上，而这种聚焦方式对于 X 射线望远镜却完全行不通，因为 X 射线光子一旦打到探测器上就会被完全吸收。因此，有必要发明一种新的 X 射线光学仪器，通过使用新型的能够反射而不是吸收 X 射线的材料，建造一种特殊的利用掠射技术聚焦宇宙 X 射线光子的望远镜。这意外地导致了一阵寻找满足这种特殊要求的金属材料的"淘金热"。利用抛物型和双曲型镜面的组合（图 3.4），就有可能聚焦来自某个天体源的 X 射线光子，从而确定源的位置（尽管其精度要远低于光学望远镜）。使用

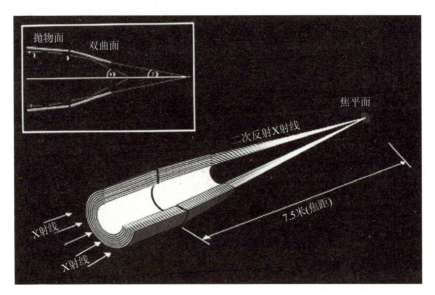

图 3.4　X 射线多镜面牛顿望远镜（XMM-Newton X-ray Telescope）的示意图

图中显示了如何利用 X 射线的掠射以及连续的抛物型和双曲型镜面的组合来实现对 X 射线束的聚焦。搭载该望远镜的卫星有 11 米高，总质量为 4 吨。

专门的探测器对所捕获的 X 射线光子进行计数(考虑到 X 射线的通量和每个光子所携带的能量,这些 X 射线光子实际上是一个接一个地打到探测器上的),我们就可以获得天体源的 X 射线图像,而不仅仅是知道它的 X 射线亮度。

X 射线天文观测是对一个一个的 X 射线光子进行计数(图 3.5),而可见光波段的天文观测则是无数光子几乎同时被探测器接收到。幸运的是,这些 X 射线光子的能量很高,因而很容易与精心挑选的探测器材料相互作用。但同时也要防止它们被探测器周围的环境所阻挡,这意味着探测宇宙 X 射线不是个容易的任务。目前主要有两种类型的 X 射线探测器:

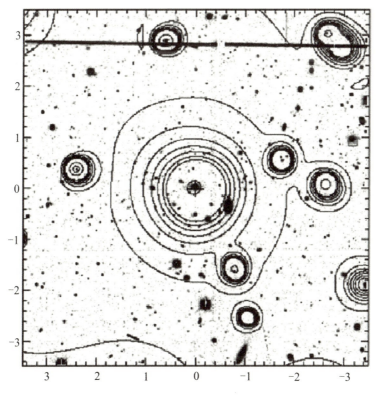

图 3.5　欧洲空间局的 X 射线多镜面牛顿望远镜卫星
观测到的一个星系团所发出的 X 射线辐射

图中实线表示的是辐射强度的等值线。这张图是基于所探测到的总数不到 200 个 X 射线光子的数据绘制的。该探测器大约每分钟能接收到一个由热气体所发出的 X 射线光子。其所接收到的 X 射线光子的总数比一个星系团中的星系的数目还要少!

物质、暗物质和反物质

- 闪烁计数器能够测量 X 射线光子与气体原子相互作用所产生的可见光波段的二次辐射光子。基础技术的进步推动了电荷耦合器件（CCD）的发展，使得先前只能用在可见光波段的 CCD 现在也可以用于探测 X 射线光子。
- 量热器能够测量 X 射线被吸收时所产生的热量。

事实上，使用哪种类型的探测器取决于实验的目标：成图需要对方向的测量达到较好的精度，而成谱则要求能准确测量每个 X 射线光子的能量。

3.4　星系和"热"星团

第一个被探测到的银河系外的 X 射线源是 M87（图 3.6），它是距离我们本星系团最近的室女座星系团（Virgo Cluster）中的一个星系。随后在另一个邻近的星系团英仙座（Perseus）星系团中也观测到了类似的 X 射线源。所以，星系毫无疑问是目前公认的一类 X 射线源，而且科学家们很快发现其中的一些还是"活动"的星系，称为类星体。这些星系的中心黑洞会通过它强大的引力场吸积①物质，使得黑洞周围的物质被加热（图 3.7）。物质被吸积掉落黑洞的过程中所释放的引力势能最终是以 X 射线辐射的方式被释放出去的。然而天文学家们很快又发现某些银河系外的 X 射线辐射并非来自恒星或者类星体这样的点源（类星体产生 X 射线辐射的区域相对来说是比较小的），实际上是来自天空中的一片区域。由于早期的观测是利用搭载在气球或者火箭上的仪器进行的，飞行时间很短，返回的数据量太少，无法对此问题给出确切的结论。直到 20 世纪 70 年代第一颗专门的 X 射线探测卫星乌呼鲁号（Uhuru，在斯瓦希里语中的意思是"自由"，因此也翻译成自由号卫星）在肯尼亚发射升空后，这些 X 射线源的确切性质才为我们所了解。

---

① 吸积是通过某种相互作用积累物质的过程。黑洞可以通过自身强大的引力场吸引周围的物质，形成吸积盘。

图 3.6　哈勃空间望远镜先进巡天相机所拍摄的巨椭圆星系 M87 的图像

这是我们所观测到的第一个银河系外的 X 射线源。这个直径 120 000 光年的星系距离我们约 5 400 万光年。它位于室女座星系团中心附近,是这个包含约 2 000 个星系的星系团中最亮的星系。星系 M87 中包含数万亿颗恒星、一个超大质量黑洞,还有大约 15 000 个球状星团成员。(NASA/ESA/哈勃传承计划团队(STScI/AURA,致谢科特(P. Cote)(赫茨伯格天体物理研究所(Herzberg Institute of Astrophysics))和巴尔茨(E. Baltz)(斯坦福大学(Stanford University))))

天文学家们随后发现这两个 X 射线展源所在的区域正好对应可见光波段观测中已经发现了的位于室女座和英仙座的两个星系团。由此可知这些 X 射线辐射是来自宇宙空间中一块数百万光年尺度的区域,总光度相当于太阳在可见光波段光度的几十亿倍。这些 X 射线展源的发现引发了天文学家们的热烈讨论,同时随着连续几代卫星(羚羊号(Ariel)系列卫星和 HEAO 系列卫星)的相继问世,X 射线天文学开始获得承认和重视,1978 年该 X 射线天文台最终以相对论之父爱因斯坦的名字命名。爱因斯坦天文台(Einstein Observatory)新的观测能力,尤其是它的聚焦 X 射线望远镜(focusing X-ray telescope),导致了 X 射线天文学这个仍正在寻找其发展方向的学科的一个重大的突破和飞跃。

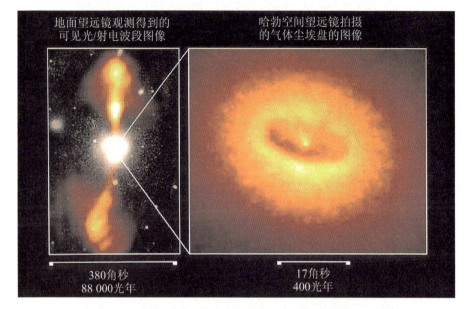

图 3.7　黑洞以及围绕该黑洞的吸积盘

(左)椭圆星系 NGC 4261 的可见光以及射电波段的合成图像。NGC 4261 是室女座星系团的一个星系成员,距离我们约 4 500 万光年。在可见光波段,这个星系呈圆盘状。而在射电波段的图像中则可以看见由星系中心发射出的两束喷流。(右)哈勃空间望远镜所拍摄的该星系核心区域的图像。图像显示该星系中心存在一个由冷气体和尘埃构成的巨大的吸积盘,其中的物质正流向中心黑洞。这个巨大的吸积盘是由中心黑洞吸积周围物质而形成的。(NASA/STScI/ESA)

目前有迹象表明,所有的星系团(以及一些星系群)都辐射相当可观的 X 射线,这些 X 射线辐射来自比单个星系要大得多的一片区域(图 3.8)。唯一可能的解释是,这些星系团中包含相当数量的非常炙热的气体,所观测到的 X 射线辐射正是来自这些热气体。最近,美国、日本以及欧洲的不同观测设备都对这些热气体的性质进行了详细的分析,并取得了一定的成果(参见第 8 章)。这些热气体似乎是形成星系和星系团的巨大的原始气体云的残余。原始气体云的主要成分是暗物质(构成了质量的绝大部分),由于自身的引力而发生了塌缩。在这个相对混沌的塌缩过程中,形成了一个个星系,直到系统建立起整体的平衡。这样的系统总质量可以达到太阳质量的一千万亿倍,数十个乃至数百个星系以数百千米每秒的轨道速度在系统共同的引力势阱中运动。同时,那些没有形成星系的剩余气体也达到了平衡状态。而达到引力平衡的气体的温度是与产生该引力势的物质的总质量相关联的。星系团的总质量极大（典型值为 $10^{14} \sim 10^{15}$ 倍太阳质量），这使得其中的平衡气体能够达到 $10^7 \sim 10^8$ 度的高温。这样高温度的热气体会产生 X 射线辐射。

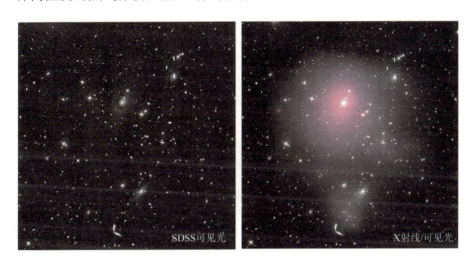

图 3.8　距离地球约 7.4 亿光年的阿贝尔 85(Abell 85)星系团

第一幅图是斯隆数字化巡天所拍摄的可见光图像，显示了其中星系的分布。第二幅图中的紫色光晕是温度高达数百万度的气体所产生的 X 射线辐射，是由美国国家航空航天局的钱德拉 X 射线望远镜所拍摄的，并将它叠加在可见光图像上得到了合成图像。这个星系团是钱德拉望远镜所观测到的 86 个星系团之一，天文学家计划用这项观测的结果来追溯在过去的 70 亿年中暗能量是如何抑制宇宙大尺度结构的增长的。星系团是宇宙中最大的自引力束缚系统，是研究暗能量这一与引力相反的使得宇宙膨胀的神秘排斥力的性质的理想观测对象。（X 射线图像：NASA/CXC/SAO/威赫里宁(A. Vikhlinin)等；可见光图像：SDSS）

假设星系团中的热气体与恒星内部的气体一样处于热平衡状态，利用更有效的计算分析工具，科学家们已经能够至少对邻近的星系团通过所观测到的 X 射线辐射直接计算出这些热气体（重子物质的一部分）的总质量 M_X。为达到这个目的，需要一方面根据 X 射线能谱的特征推知气体的温度，另一方面测量 X 射线的总光度，再假设气体处于热平衡状态，就能够很容易地计算出 M_X。此外，我们还可以通过测量星系团内星系的运动速度来确定星系团的总质量（动力学质量）。这是因为星系的运动速度本身所反映的正是它们所处的引力势阱的特性。与我们之前讨论的星系的动力学质量一样，星系团的动力学质量也比它所有星系成员的光度质量的总和要大得多。与螺旋星系的情形类似，需要有一定数量的暗物质存在来解释上述不同观测间的矛盾。

这些近期才被探测到的 X 射线气体曾被认为可以解释星系团中丢失的那部分质量，但事实并非如此。星系团中的 X 射线气体的质量并不足以解释全部的隐藏质量，剩余的部分只能归咎于暗物质。尽管如此，结果仍然让天文学家们感到吃惊：星系团内热气体的总质量 M_X 要比其中星系的总质量还大得多(5～10 倍)。因此，某种意义上来说"星系团"这个名字并不确切。对星系所包含的重子物质的最终分析结果显示，它们只占到了宇宙全部能量/物质的 0.2%(表 3.1 及图 3.9)。而所有的星系团(星系团本身是比较罕见的天体，在宇宙中的数目自然要比单独的星系的数目少得多)中全部热气体对宇宙重子物质的贡献几乎与所有星系中全部恒星的贡献相当(参见第 2 章)。

表 3.1 以星系中的恒星和气体、星系团中的 X 射线热气体形式存在着的普通物质(即重子物质)在宇宙总能量/物质中所占的比重(用下标不同的重子密度参数 Ω_b 来表示)

不同形式的重子物质	在宇宙总能量/物质中所占的比重
X 射线热气体 $\Omega_{b\text{-gas}}$	～0.2%
星系中的恒星和气体 $\Omega_{b\text{-stars/gas}}$	～0.32%
总量	～0.52%

3.5 热还是冷：并不容易推测

可见，"称量"宇宙中的重子物质，哪怕只是邻近宇宙中的，也不是一件容易的事情。重子物质在宇宙极早期形成后经历了非常不同的演化过程。其中一些在引力作用下聚集在一起形成了恒星，进而构成了哈勃空间望远镜所拍摄到的那些壮丽辉煌的星系。另外一些则逃脱了这种小尺度的引

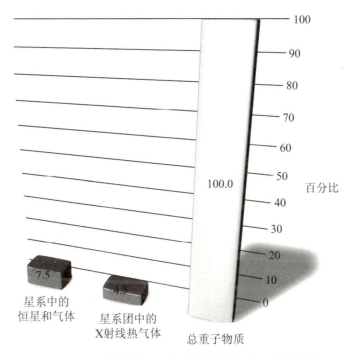

图 3.9 星系中的恒星和气体以及星系团内的 X 射线热气体
所包含的重子物质与宇宙总重子物质含量对比
重子物质中的绝大部分仍未被找到。

力塌缩的聚集过程,转而去填充宇宙中最大的结构——星系团,使得星系团被非常稀薄的气体(密度只有每立方厘米几个粒子)所包裹。在星系团强大引力势的作用下,这些气体的温度可以达到数百万度。星系内的恒星通常会发出可见光而被我们的望远镜看见,当然其中一些质量较小或者被尘埃所遮挡的恒星则只能在红外波段被探测到。因此要计算星系中的恒星数目及其总质量,除了根据可见光波段对恒星的直接观测结果,还需要结合对尘埃(红外波段可见)和气体(中性氢,可用射电望远镜观测)的观测结果综合进行分析。星系团内的热气体不发出可见光,因此不能直接被我们看见,这也就解释了为什么我们在很长时间内都没有发现它们的存在。20 世纪,随着航天器的发展,星系团内热气体的 X 射线辐射终于被探测到了。但是这个新的发现并没有使寻找宇宙重子物质的科学家们从失望中振奋起来,X 射线热气体对宇宙重子物质的贡献仅仅与恒星相

物质、暗物质和反物质

当,宇宙中绝大多数的重子物质仍旧没有被找到。尽管是这样,我们至少可以尝试估算一下邻近宇宙中我们已知的各种形式的重子物质的总含量。目前所知的所有重子物质,包括之前讨论过的恒星与总质量更小的尘埃和分子气体,加上星系团中的热气体,总共占到宇宙总能量/物质的大约 0.5%。

从表 3.1 和图 3.9 中很容易发现,无论是被记作 $\Omega_{\text{tot}} = 1$ 的宇宙全部物质和能量,还是宇宙中的全部重子物质,其中的绝大部分都是我们所未知的、仍有待发现的。看来,绝大多数物质确实是"暗"的,它们倾向于不发出任何波段的辐射。当然,我们仍然要追问:我们所做的这些估算真的正确吗?是否有其他可行的方法,不需要对以各种形式存在的重子物质一一进行探测而能直接计算出宇宙中重子物质的总量?这将在下一章中讨论。

第4章
宇宙探秘：何时？何地？如何？

> 我有六个忠实的仆人（我所知道的一切都是由他们教会的），他们的名字是：何时、何地、何人、何事、如何以及为何。
>
> ——鲁德亚德·吉卜林（Rudyard Kipling，英国作家）

埃德温·哈勃（Edwin Hubble）、维斯托·斯里弗（Vesto Slipher）和米尔顿·赫马森（Milton Humason）观察到了星系退行的现象，他们发现所有观测到的星系（当时已观测到的星系有数十个）都正远离我们所在的银河系，这是宇宙随时间演化整体膨胀的结果（图4.1）。这种膨胀的一个必然后果是宇宙空间中能量/物质的稀释。随着时间的向前演化，宇宙中各种能量/物质组分的密度和温度都持续地下降（某些类型的暗能量例外，它们以宇宙学常数①的方式随时间演化，其密度保持不变）。如果我们在想象中把这个过程逆转，立刻就能得到宇宙在越早期越是稠密、温度也越高的结论，这正是物理学家乔治·勒梅特（Georges Lemaître）以及之后的乔治·伽莫夫（George Gamow）在他们的宇宙学理论中所阐述的观点（图4.2）。在经典理论的想象中，如果将时间倒回原点，就会出现现在众所周知的"原初奇点"和"大爆炸"。

---

① 宇宙学常数（Λ）是爱因斯坦为了得到静态宇宙解而引入到他的宇宙学方程中的一项。在哈勃发现了星系退行，以及宇宙膨胀被发现之后，科学家们对这个常数的合理性产生了怀疑。然而在它被抛弃了几十年之后，由于发现了宇宙在加速膨胀，科学家们认为这可能就是宇宙学常数所导致的，因而又将它重新引入。宇宙学常数因此成了大名鼎鼎的暗能量的一个候选者，可以用来解释宇宙的加速膨胀。

物质、暗物质和反物质

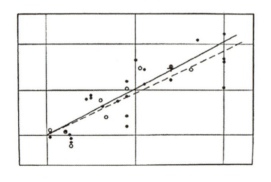
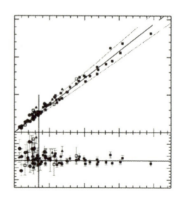

图 4.1　星系退行速度与距离间的关系

(左)埃德温·哈勃亲手绘制的图线,显示了"逃离"星系的退行速度与距离(以秒差距为单位,1 秒差距 = 3.26 光年)间的关系。(右)星系退行速度与距离关系的近期研究结果,其中距离最远的星系比哈勃时期所观测到的星系要远 400 多倍。所有这些研究都得出了明确的结论:星系距我们越远,它逃离我们的速度也就越快。这两者之间的比例系数称为哈勃常数 H_0,哈勃最初测得的 H_0 的值约为 500 km/(s·Mpc)。而最新的测量结果给出的 H_0 的值为 72 km/(s·Mpc)。对哈勃常数 H_0 的测定曾有过很多争议,也导致了结果的多次修正。这些争议主要是由于准确测量天体的距离非常困难,随着所涉及的距离尺度不断地增大,需要采用一系列相应的方法来进行测距。

　　然而更全面的理论研究显示,鉴于我们目前所掌握的有限的知识,我们没有办法追溯普朗克时间①之前的宇宙历史。最早期的宇宙处于一个高温高密度的状态,这点也被一些观测所证实,尤其是宇宙微波背景辐射的探测(参见第 5 章)。COBE 和 WMAP 卫星探测到这个由"化石"光子构成的背景辐射的温度约为 3 K。这些光子在宇宙大约 30 万岁的时候(即在红移 $z = 1\,000$ 处)退耦,不再和宇宙中的其他物质发生相互作用。之前处于电离状态(即电子与原子核分离)的物质在温度降至约 3 000 K 时开始复合形成中性的原子。此后,因为没有自由的电子再与光子在宇宙这张台球桌上碰撞,光子就将保持自由运动的状态,随着宇宙的膨胀,背景光子的温度从退耦时的 3 000 K 一直降到了现在的 3 K。

　　以宇宙温度密度随时间的演化为基础,应用高能物理来描述极高温高密度环境下的物理过程,我们就可以利用宇宙学模型来重建宇宙的热历史

---

① 我们目前所了解的知识无法告诉我们宇宙在普朗克时间($\sim 10^{-43}$ s,参见附录)之前所发生的事情。理解这一时期的物理需要结合广义相对论和量子力学,这是目前理论物理尚无法解释的领域。

(参见图 4.3 以及附录)。有了这一理论,我们至少可以勾勒一幅简单的图像来回答我们在这一章开始的时候所提出的关于物质起源的问题。

图 4.2　宇宙学传奇历史中的重要面孔

(左上)乔治·勒梅特,他创建了"原始原子"理论,是"大爆炸"理论之父,尽管他的理论曾在很长一段时间内都不被他人所认可。(右上)乔治·伽莫夫,他与拉尔夫·阿尔弗(Ralph Alpher)和汉斯·贝特(Hans Bethe)所合写的关于宇宙元素形成的原创文章以及对宇宙微波背景辐射的预测(发表在美国物理学会(American Institute of Physics)所出版的期刊上)对大爆炸宇宙学模型的最终建立具有重要的贡献。(下图,从左至右)阿尔伯特·爱因斯坦(Albert Einstein)、埃德温·哈勃和沃尔特·亚当斯(Walter Adams)在威尔逊山天文台(Mount Wilson Observatory)。(照片取自加州理工学院所保存的档案)

4.1　创生时期

大爆炸之后的瞬间是各种粒子创生的时期,这个过程持续产生填充宇宙的各种粒子,并且最终形成我们所熟悉的物质:构成原子的基本粒子以及中微子和暗物质。要详细描述这个创生的过程是很复杂的,但是感谢爱

因斯坦,他用他那个著名的公式概括总结了这个过程:

$$E = mc^2$$

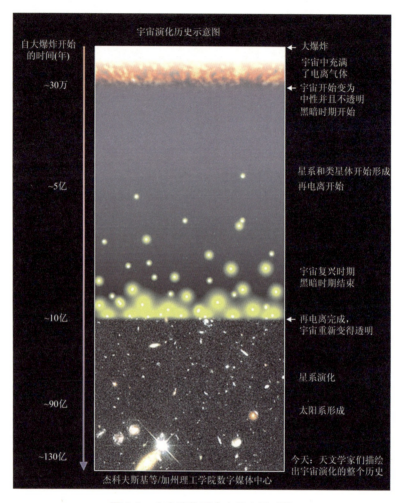

图 4.3 宇宙演化历史中的主要时期

宇宙开始于大约 137 亿年前的一次大爆炸,普朗克时间之后一直到现在的宇宙演化历史可以划分为两个主要的时期。宇宙首先经历了一个能量/物质组分主要由辐射构成的时期(即辐射主导时期),这个时期一直持续到宇宙大约 70 000 岁时。在此之后是物质主导时期,在这个时期物质在宇宙的能量/物质组分中占主导地位。最终,在大爆炸后大约 300 000 年时,宇宙的温度降至约 3 000 K,原子核开始与电子相结合,形成中性的原子气体。这个"复合时期"遗留下来的光子余晖就是我们现在所观测到的宇宙微波背景辐射。在此之后宇宙便进入了长达 5 亿年之久的"黑暗时期",直到第一代的星系和类星体开始形成,这个黑暗的时期才结束。这些新生的天体所辐射出的光子将氢原子重新解离为质子和自由电子,使得原本被不透明的气体所填充的宇宙重新变为透明的状态。这个宇宙复兴时期也被宇宙学家们称为"再电离时期",它以早期宇宙中第一代星系的诞生作为开始的标志。(杰科夫斯基(S. G. Djorgovski)等,Caltech/加州理工学院数字媒体中心(Caltech Digital Media Center))

描述了质量和能量间的等价性。这是个现在人人皆知的公式,它是研究将原子能转变为电能以及原子弹爆炸这些过程的基础。需要牢记的关键点是质量可以产生能量,反之亦然。这种相互转换的过程在宇宙演化的每个时期都在发生,我们可以把这个过程写成:

$$能量 \rightarrow 粒子 + 反粒子$$

当然,要记住必须提供超过所要产生的末态粒子和反粒子的总质量所对应的能量,这个过程才可能发生,换句话说,需要宇宙的温度足够高。

宇宙学模型的一个优势是它可以预言大爆炸之后宇宙的温度(它是宇宙能量的函数)如何随着时间变化。例如,在宇宙年龄为万分之一秒(10^{-4} s)时,我们可以计算出当时宇宙的温度约为一万亿度[①]。

在大爆炸后 1 秒,宇宙温度已降至一百亿度,在这之后时间每乘上 100,温度就降至大约十分之一。自然界中所存在的各种粒子,只要温度和能量满足条件就会在宇宙中被产生出来。任何粒子都不能错过它的机会,因为宇宙的温度只会一直降低不会再回升(除了恒星的核心,那里的温度可以达到数百万度)。如果我们回溯到宇宙的足够早期温度超过 10^{13} 度(1 GeV)的时期,此时的宇宙空间内充满着由夸克-胶子等离子体[②]构成的宇宙流体(位于日内瓦的大型强子对撞机(Large Hadron Collider)已经成功地再造出了这种物态)。这意味着构成原子核的基本粒子——夸克在这个时刻还未结合在一起形成强子(质子和中子)。当温度降至约 1 GeV 的量级时,夸克才最终结合在一起形成质子和中子。现在普遍存在于宇宙中的普通物质在此时才被产生出来(参见附录)。

在这个过程中所有的其他粒子也同时被产生出来,由于宇宙中质子和电子的数目同样多,宇宙整体仍保持电中性。中微子也是在这一宇宙极早期时被产生出来的,它与其他粒子的相互作用极弱。中微子在宇宙温度为一百亿度时从其他宇宙流体中退耦,在随后的复合时期形成了与退耦光子构成的宇宙微波背景类似的宇宙中微子背景(参见第 5 章)。平均而言,宇

---

① 温度 $T = 10^{12}$ K,对应 100 MeV 的能量(参见附录的温度-能量对应关系)。
② 等离子体是一种整体呈现电中性的气体,但其中的电子并不被束缚在某个特定的原子核周围(即气体原子是电离的),这通常是由于气体的温度非常高或者暴露在极高能量的辐射下。等离子体被认为是第四种物态。恒星的内部就是温度为数百万度的等离子体。在宇宙诞生后的 30 万年内,整个宇宙一直处于等离子状态,而后在"再电离时期"之后,宇宙又再次回到等离子状态。

宙背景辐射(由彭齐亚斯和威尔逊发现的)光子的数密度是每立方厘米约400个,而宇宙背景中微子的数密度是大约每立方厘米150个(宇宙背景反中微子的数密度与背景中微子大致相等)。由于这些背景中微子的能量极低,它们几乎不与其他物质发生相互作用,因此目前还没有办法直接对这些背景中微子进行探测。但对宇宙微波背景辐射的特征越来越精确的测量也揭示了宇宙背景中微子的存在。

4.2 暗物质和反物质何处安生?

20世纪80年代,中微子备受科学家们关注。尽管此时中微子已是被确认存在的一种粒子(沃尔夫冈·泡利(Wolfgang Pauli)在1930年预言了中微子的存在,而后1956年首次在实验中探测到了中微子;目前已知存在三代中微子),但在这十年间所进行的各类实验的结果表明,中微子并非像之前理论所认为的那样是质量为零的粒子,它们其实是有质量的。并且,中微子所具有的非零的质量很可能对宇宙学产生重要的影响。似乎暗物质终于被发现了。

然而可惜得很,对中微子质量的实验探测结果不断地压低其质量上限,由于中微子的质量极其微小,最终认定它只在暗物质中扮演一个次要的角色。这些"消失"的质量还需要其他有待发现的候选者。对天体物理学家来说幸运的是,某些粒子物理标准模型的扩展理论模型,例如超对称理论,引入了一些新的粒子(超粒子),它们可能作为暗物质的候选者。事实上,现有的理论模型中就有许多名字以"ino"结尾的中性粒子。这里我们不想谈及太多的细节,这些新粒子中最好的候选者应该满足是电中性的、不与其他粒子相互作用并且不自发衰变这些基本特性。中性伴随子(neutralino)[①]就恰好符合上面描述的全部特征,它的质量在几十 GeV 到

[①] 中性伴随子是超出粒子物理标准模型的理论模型所预言的一种较轻的、并且很可能是最轻的非零质量的超粒子。中性伴随子目前仍只是一种理论假设,它被认为是暗物质最为可能的候选者。

几 TeV 之间。这种粒子,无论它是否真是暗物质,都是科学家们正热切寻找的对象。

细心的读者可能会注意到,由一定的能量所产生的不只是一个粒子,还伴随有它的反粒子。由此得到的推论是,在宇宙演化的热历史中所产生的物质和反物质是等量的。反物质粒子和它们的"镜像"正粒子具有相同的质量,但有着相反的量子数,最典型的例子就是电荷数。当一个粒子与它的反粒子碰撞时,会相互湮灭,释放出所有的能量(即两粒子的总动能加上它们的总质量所对应的能量),这正是它们产生过程的逆过程(图 4.4)。粒子和它的反粒子发生湮灭反应时,会形成其他粒子(主要是光子)的簇射。

根据粒子物理的理论所进行的推测,在我们的宇宙中曾经发生的事情是这样的:宇宙极早期形成了大量重子和反重子的海洋,之后它们中的绝大部分迅速地相互湮灭,最后只剩极少几个残余的重子物质"岛屿"①。然而目前的粒子物理标准模型预言的能够从这一湮灭过程中幸存下来的重子物质的数量要远少于天文观测所得出的结果(低了几个数量级)。同时,假如物质和反物质分别存在于宇宙的不同区域,我们就应该能够观测到两个区域的边界处物质和反物质湮灭所产生的辐射,但我们从来没有观测到这样的现象。我们的宇宙似乎完全没有反物质存在(参见第 9 章)。

这个明显的困难看起来需要在粒子物理标准模型上寻找解决方案。粒子物理标准模型需要进行一些修正。为此物理学家安德烈·萨哈罗夫(Andrei Sakharov)提出了产生重子-反重子不对称的几个必要条件。一些超出粒子物理标准模型的扩展理论模型,例如超对称理论,本身就"自然"地不满足粒子物理标准模型中存有疑问的一些基本原理。超对称理论认为宇宙早期某些特定的反应处于非平衡状态,从而实现每产生 100 000 000 个反物质粒子则对应产生 100 000 001 个物质粒子,由此来解释当前宇宙中不存在反物质这个现象。

---

① 如果这样的过程没有发生,现在也就不存在思考这些问题的宇宙学家和物理学家了!

物质、暗物质和反物质

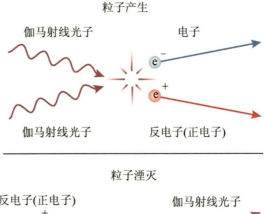

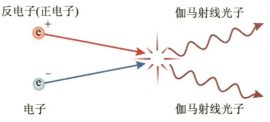

图 4.4　物质-反物质湮灭

在早期宇宙中,物质-反物质是成对地被产生出来,又是通过湮灭反应被消灭的。由于是成对产生,所产生的物质和反物质的数量是相等的,这就出现了一个问题。成对产生:粒子和反粒子被成对地产生出来,宇宙的温度需要足够高,光子碰撞(或者其他类似的过程)所生成的虚粒子才能够产生实际的末态粒子和反粒子。由于随着宇宙的膨胀温度不断降低,当宇宙温度低过某个阈值之后某种粒子和它的反粒子就不再能够通过这种方式被产生出来了。湮灭:粒子-反粒子湮灭的过程并不要求有较高的温度,所需要的条件是足够高的物质密度,以确保粒子和它的"双胞胎兄弟"反粒子有足够的概率相互碰撞,相互湮灭。早期宇宙中,在粒子产生的过程停止后,湮灭反应仍可以在之后相当长的一段时间内持续发生。由于粒子成对产生和湮灭的过程都是物质-反物质对称的,通过计算会发现湮灭过程应该会消耗掉宇宙中所有的物质和反物质,现在的宇宙应该完全被光子所填满。显然这个结论是不正确的,不然我们怎么会存在!虽然宇宙中物质-反物质的不对称性极小,但这个问题本身绝不只是一点小麻烦。宇宙中每有 1 000 000 000 个正电子,就需要对应有 1 000 000 001 个电子。如果不存在这样一个量级的物质-反物质不对称,那我们也都不可能存在了。这一极小的物质-反物质不对称是我们宇宙的又一个待解之谜。

4.3　头三分钟的魔术

宇宙演化的热历史继续向前推进。正如我们下面将看到的,在宇宙诞生的大约头三分钟,温度从一百亿度降至十亿度,刚形成不久的质子和中子开始结合形成最轻的几种元素的原子核（即原初核合成或称为大爆炸核合成）；而更重的元素则要再等到数百万甚至数十亿年之后在恒星的内部形成（即恒星核合成）。当温度降至一万度时，宇宙中的物质（普通物质以及暗物质）密度与辐射密度变得恰好相等。在这之后紧接着就是形成中性原子的复合时期，同时宇宙的大尺度结构开始形成，宇宙的物质/能量组成开始由暗物质主导。此时形成星系、恒星、行星乃至生命的一切条件都已经具备了。

当一个个粒子在宇宙中被产生出来之后，它们接下来的命运仍是不确定的。根据各个粒子本身属性的不同，它们可能实际参与电磁、强、弱、引力四种基本相互作用中的某一种或某几种相互作用的各种过程。但是无论哪种粒子，它的数密度都不可避免地随着宇宙的膨胀被稀释。因此就很容易理解，粒子间的相互作用只可能非常精确地发生在宇宙演化过程中某些特定的时间"窗口"。如果宇宙中的粒子数密度被稀释得低于某个临界值，粒子间的平均距离过大，它们之间的相互作用就不能够有效地进行。这个基本原理同样也适用于第一代化学元素形成的时期。

门捷列夫（Mendeleev）所创造的著名的元素周期表（见图0.2）中汇集了构成我们宇宙的全部元素，但这些元素的起源在相当长的一段时间里都是一个谜。20世纪40年代后期，伽莫夫意识到一个正在膨胀的宇宙必然曾经经历过一段高温高密度的时期，于是他提出了自己的观点，认为这一时期一定发生了形成各种元素的热核反应。他把这个研究结果写在他和他的学生拉尔夫·阿尔弗合作的一篇论文中。这后来成为了一篇众所周知的文章，原因有两个：一方面当然是因为它是一篇极为出色的科学论文；另一方面是因为伽莫夫在作者中加上了物理学家汉斯·贝特的名字，制造了很有趣并且让人印象深刻的"α-β-γ"的作者排序（图4.5）。

伽莫夫当时的观点认为，多数的重元素都是在宇宙的极早期被合成出来的。从宇宙曾经经历极高温阶段的假设出发，这位著名的物理学家推测应该存在一种遍布整个宇宙空间的辐射（就是我们现在所知道的宇宙微波背景辐射）。不过，科学家们很快就发现这一理论无法用来解释比铍更重的元素的形成。直到后来科学家们才认识到重元素是在恒星内核这个"核

物质、暗物质和反物质

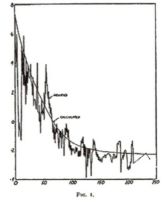

图 4.5　"α-β-γ"论文原文的扫描图片

这一开创性的论文非常直截了当地以"化学元素的起源"为题，由拉尔夫·阿尔弗、汉斯·贝特和乔治·伽莫夫共同署名，发表在 1948 年 4 月出版的《物理评论快报》(*Physical Review Letters*)73 卷 7 期第 1 页。

反应堆"中被制造出来的。而宇宙极早期这个"核工厂"并不能生产所有的元素。氘[1]是极早期宇宙"核工厂"的产品之一，它是氢的一个同位素，因为二战期间的"重水之战"而变得广为人知。氘是一个非常不稳定的元素，在恒星内部极易被摧毁。既然我们在宇宙中观测到了氘的存在，它必然是在恒星以外的什么地方产生的，这只可能是在极早期的宇宙。在这一时期内形成了氢、氦等我们称之为轻元素的一些元素，因此把这个阶段称为原初核合成或者大爆炸核合成时期，它发生在大爆炸后的第3~20分钟。而其他重元素是在这之后数百万乃至数十亿年，在恒星内部通过恒星核合成的过程形成的。

4.4 当质子拥抱中子

质子和中子是原子核的基本组成部分，它们通过强相互作用结合在一起构成原子核。只要温度高于一百亿度，原子核就会被解离成质子和中子，这是因为质子和中子热运动的动能超过了使它们结合为原子核的强相互作用的能量。因此只有当宇宙温度降到更低时，核力才能够克服质子和中子的热运动动能，使其相互结合在一起。此外，具有足够高的粒子数密度以保证粒子间的距离不超过原子核的尺度也是形成原子核的必要条件之一，这是因为核力与引力或电磁相互作用非常不同，它的作用力程非常短，只有原子核大小的尺度。最后要说明的是，与质子不同，自由的中子是不稳定的，它们会通过弱相互作用衰变成质子。自由中子的寿命只有大约10分钟，超过这个时间长度绝大多数的自由中子就都已经因为衰变而消失了。因此，我们可以看到，要让质子和中子"联姻"，所需要的条件是非常

---

[1] 氘（符号 D）是氢的一个同位素（具有相同的原子序数，即相同质子数，但原子核包含不同数目中子的元素互为同位素）。一个氘核是由一个质子和一个中子构成的。氘在核反应中很容易被摧毁，因此原初核合成过程中所产生的氘在今天已经很难被探测到了。因为一个氘原子核不仅包含一个质子还包含一个中子，所以重水（氧化氘 D_2O）比一般的水（氧化氢 H_2O）更重（因此得名"重水"），在核反应堆中它可以有效地慢化中子。

严苛的。它们的"婚期"是固定的:只可能发生在宇宙诞生后的头几分钟内。在这短短的几分钟内,宇宙的温度降到了一百亿度以下,而物质密度仍满足发生强相互作用所要求的条件,并且宇宙中还存在足够数量的中子,最终触发了核合成过程。一个质子和一个中子可以最终形成一个氘核,虽然氘核本身也是不稳定的,但却足以抵抗宇宙中弥散的数量巨大的高能量光子,不至于再被解离成质子和中子。

4.5 全部重子物质

至此,一切已成定局了。原初核合成时期,一系列核聚变反应被触发,最终形成了氦、锂、氘、铍和它们的各种同位素。所产生的各种元素的相对质量丰度为氢75%、氦25%,其他被产生出来的元素总共只占极其微小的一部分。这个结论与我们的观测结果是相符的,这是大爆炸宇宙学模型的伟大成功之一。与宇宙学模型中一些包含更多推测的其他方面不同,我们用来描述宇宙原初核合成时期的(核)物理是物理学一个成熟的分支领域,并且该领域的基本物理常数大多都已经被实验确定了。毫无疑问,各种元素在宇宙中所占的比例依赖于当时宇宙的物质密度,因此也与宇宙中的重子物质总量相关,并且这个结论不依赖于任何对理论模型的假设。

这一研究结果更支持了我们的基本结论:我们现在可以相当准确地推算出宇宙中总的重子物质含量。重子物质是我们所观测到的宇宙的重要组分之一,它的相对丰度会随着宇宙膨胀而不断降低,但宇宙各个时期重子物质的总量应该是一致的,这是个不可改变的结论。由原初核合成可以推算宇宙在那一时期的重子物质密度(所得到的结果与元素丰度的观测结果高度地相符),再把重子密度随宇宙膨胀的演化考虑在内,我们就能够得到当今宇宙重子物质密度参数 $\Omega_{\text{b-tot}}$ 的值:

$$\Omega_{\text{b-tot}} \approx 4.4\%$$

正如我们已经看到的,将核物理的规律应用于宇宙早期,我们得到了非常明确的结论:宇宙中全部的重子物质只占到了我们的膨胀宇宙总物质/能量的4%～5%(图4.6)。

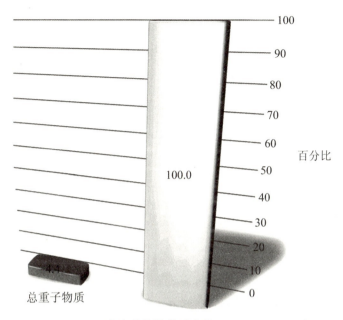

图4.6 宇宙中全部重子物质在宇宙总能量/物质中所占的比重

与暗物质和暗能量相比,重子物质在宇宙中只占很小的一部分。

重子物质对宇宙总能量/物质的贡献真是少得可怜。但是真正令人感到沮丧的是,即便是这少得可怜的重子物质,我们至今也还没能把它们完全找到!

物质、暗物质和反物质

第5章
宇宙30万年时正上演的故事：重子物质如数到齐

> 积攒财富，积攒朋友。
>
> ——法国谚语

让我们继续关于宇宙演化的故事。这次我们要旅行到宇宙大爆炸后大约 30 万年时，描绘一下对宇宙演化的历史至关重要的两个伟大时刻。

5.1 物质主导

大爆炸后大约 30 万年时，我们的宇宙几乎连续地经历了两个历史性的转变。一个是原子核与电子结合形成中性原子的复合时期，另一个是从辐射主导时期过渡到物质主导时期，即物质密度开始超过辐射密度，物质开始在宇宙物质/能量组分中占主导地位。正如我们已经知道的，如果将时间倒转回溯宇宙的历史，宇宙膨胀意味着在宇宙极早期存在极其高温高密度的时期。我们也已经了解了在这样的物理条件下，所有的物质粒子，尤其是轻元素是如何在大爆炸后著名的头三分钟内被产生出来的。头三分钟过后，宇宙中充满了物质（绝大部分是暗物质）和光子的混合物。而后随着宇宙的膨胀，其中的能量/物质组分也必然会被稀释。然而，这种稀释的过程对于物质和能量却是以不同的方式进行的。对于由粒子构成的物质而言，它的密度（单位体积内的粒子数）只会随着体积的增大而下降。而对于构成辐射的光子而言，随着宇宙的膨胀，不但密度会随之下降（与其他的物质粒子类似），由于宇宙学红移的缘故，光子的能量也会同时降低。这两个效应相结合，导致辐射的能量密度要比物质的能量密度随着宇宙膨胀下降得更为迅速。

因此，之前一直为辐射（能量）所占据的宇宙能量/物质密度的主导地位就逐渐地被物质所取代。此时就是被称为物质辐射相等的时期，而在这个时期之后宇宙就一直被物质所主宰（图 5.1）。可以很容易计算出物质辐射相等时期的红移 z_{eq}，它可以表示为当今宇宙中物质和辐射密度参数的函数①。

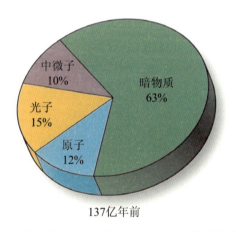

图 5.1　大爆炸后约 30 万年时（$z = 1\,200$）宇宙的能量/物质组分图

图为通过研究威尔金森微波各向异性探测器（Wilkinson Microwave Anisotropy Probe，WMAP）所探测到的宇宙微波背景辐射推算出的大爆炸后约 30 万年宇宙微波背景辐射形成时（$z = 1\,200$）的宇宙能量/物质组分图。红移 $z = 1\,200$ 的时刻，在宇宙总物质/能量组成中中微子占 10%，原子占 12%，暗物质占 63%，光子占 15%，暗能量此时可以忽略不计。这时物质（主要是暗物质）已经超过辐射，在宇宙物质/能量组成中占主导地位。与之相比，WMAP 的观测数据表明，今天的宇宙物质/能量组成中原子占 4.6%，暗物质占 23%，暗能量占到 72%，而中微子不足 1%（参见图 5.7）。（NASA/WMAP 科学团队（WMAP Science Team））

---

① 所满足的关系式为 $1 + z_{eq} = [\Omega_m/\Omega_R]_0$，其中下标 0 表示当今宇宙。

物质、暗物质和反物质

利用 WMAP 的观测数据所得到的物质和辐射的密度参数 Ω_m 及 Ω_R，我们可以计算出物质辐射相等时期的红移 $z_{eq} = 3\,000$，对应宇宙年龄为大爆炸后约 60 000 年时。在这个时期之前，宇宙的温度仍然足够高，使得电子和质子的热运动动能仍能抵抗它们之间的吸引力，因而无法结合形成中性的氢原子。但随着宇宙的膨胀，宇宙温度不可避免地下降，粒子的热运动相应减弱，使得电子有可能与质子相结合形成中性的原子。当然，这个过程并不是在某个时刻突然发生的。在红移 $z = 1\,200$（对应宇宙年龄约 30 万年）时，大约 90% 的电子都已经被束缚在氢原子中了。这一复合过程同时也是宇宙流体（等离子体）电中和的过程，该过程对宇宙之后的演化有着极其重大的影响，并且在宇宙时空中留下了不可磨灭的痕迹——宇宙微波背景辐射，它是留给宇宙学家的一笔宝贵财富。

5.2 天空中的化石

只要宇宙物质仍处于电离的状态，即质子和电子分离的状态，电子和光子就始终处于持续地相互作用中，而使得光子和重子物质被牢牢束缚在一起。它们之间已经不是"光子在这，重子在那"的状态了。与不参与电磁相互作用的暗物质不同，重子物质在这一时期无法独立于辐射存在。当然，这个结论只适用于等离子体状态的宇宙流体，电子与带电的原子核复合为中性原子就宣告了光子与带电粒子不断碰撞持续相互作用的宇宙台球游戏结束了！

尽管这个光子退耦的过程也不是瞬时完成的，我们仍可以找到一个典型的时间来代表这一时期：红移 $z_{rec} = 1\,100$ 时，即物质主导时期开始后不久。这之后光子的运动轨迹就不再会因为与带电粒子相互作用而发生偏转，开始在整个膨胀宇宙中自由传播。在某个特定时刻（假设这个过程是在某个瞬时完成的），所有的光子都完成了它们与普通物质最后一次的相互作用而后退耦，开始在宇宙空间中自由传播，经过数十亿年后，在现在地球上的观察者看来，这些退耦的光子就好像是由一个球面发出而到达我们眼睛的，这个球面被形象地称为"最后散射面"①。如果我们的宇宙确实像宇宙学基本原理（参见下文）所假设的那样是均匀并且各向同性的，宇宙中所有的光子应该是在同一温度 $T\approx 3\,000$ K 时，在氢原子和氦原子形成的复合过程中同时一起退耦的。这个"复合时期"发生在红移 $z_{rec}\approx 1\,000$ 时。

由于光子退耦前与物质不断地相互作用，它们之间处于热平衡状态，退耦时光子的能量分布应该是个黑体谱②。因此可以预期，如果我们使用恰当的仪器对天空进行观测，应该在各个方向都能探测到温度相同的背景黑体辐射。由于宇宙膨胀，这个背景辐射的温度在今天已经降至 $T\approx 3$ K。

事实上，这个背景辐射最早是在 1965 年由罗伯特·威尔逊和阿诺·彭齐亚斯在新泽西州克劳福德山（Crawford Hill）上使用贝尔实验室的喇叭天线（Bell Laboratories Horn Antenna）进行实验时意外测得的（参见第 8 章）。他们的这一发现随后被其他一系列实验观测所证实。例如，COBE 卫星对宇宙微波背景辐射的能谱进行了测量，发现它的确是个完美的黑体辐射谱，并绘制了宇宙微波背景辐射的全天温度分布图，之后的 WMAP 空间探测器则进一步给出了分辨率大幅提升的探测结果（图 5.2 和图 5.3）。

观测发现宇宙微波背景辐射在全天的温度分布基本均匀，这证实了宇宙学的一个基本原理。如果仔细研究图 5.3 的结果，会发现这一温度分布的均匀性极高，只存在大约十万分之一的微小波动。尽管看来微不足道，我们之后会再谈到这些小波动的重要性：如果没有它们，我们也就不可能存在，更不可能在这里讨论这些有趣的小波动。

---

① 在复合时期，所有的光子在几乎同一时间从与其他物质的相互作用中退耦，而后便在宇宙空间中自由传播。在现在的观测者看来，这些光子像是来自以观测者为球心的一个球面，无论观测者位于宇宙中什么位置。这个球面就被称为最后散射面。

② 黑体是指能够完全吸收外来辐射的理想热物体。黑体可以被形象化地想象成只开了个小孔的烤箱，通过小孔可以探测烤箱内部所发出的辐射。黑体的温度越高，辐射的电磁波的波长越短（越"白热"），反之亦然。黑体辐射的波长 λ（单位：cm）与温度 T（单位：K）之间的关系可以由维恩定律（Wien's Law）来描述：$\lambda T = 0.29$。温度为 3 K 的宇宙微波背景发出的黑体辐射就在毫米波段。太阳的光球层可以近似地被认为是一个温度为 5 300 K 的黑体，它所辐射的光波波长大约是 550 nm，所以太阳看上去是黄色的。

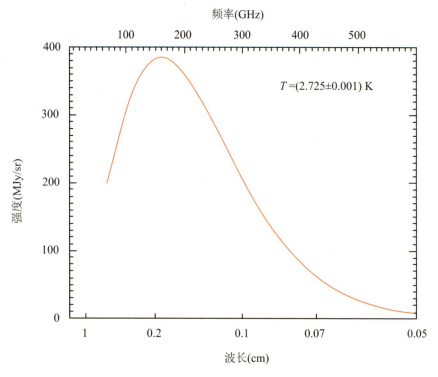

图 5.2 大爆炸理论所预言的宇宙微波背景辐射能谱与实际所观测到的能谱的对比结果

美国国家航空航天局的 COBE 卫星上的远红外绝对分光光度计（FIRAS）测量了宇宙微波背景辐射能谱上的 34 个等间距数据点。这些数据点的测量误差极小，以至于它们完全被理论预言的曲线盖住了！至今没有其他的理论能对这一能谱给出如此准确的预言。精确测量宇宙微波背景辐射的能谱是对大爆炸理论的又一个重要的检验。（NASA/COBE 科学团队（COBE Science Team））

5.3 结构增长

宇宙学基本原理认为，在大尺度上，宇宙是均匀的（即平均而言所有的区域都是相同的）和各向同性的（即平均而言所有的方向都是相同的）。对星系退行以及宇宙微波背景辐射温度分布的观测都显示在各个方向的结果是相同的，验证了宇宙是均匀各向同性的这一基本原理。"宇宙暴胀"这

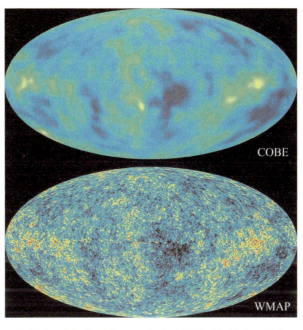

图 5.3　大爆炸后约 30 万年宇宙婴儿时期的全天图像

1992 年，美国国家航空航天局的 COBE 卫星首次探测到了宇宙最古老的光子（宇宙微波背景辐射光子）的温度分布（上图），图中用不同的颜色来显示温度的变化。WMAP 探测器则对同样的微波背景辐射的温度分布给出了更为清晰的探测结果（下图）。两幅图的基本特征是一致的，但 WMAP 探测结果的分辨率要比 COBE 的高 35 倍。这个新的细节图像的新鲜出炉对一些长期未决的宇宙学问题给出了确定的答案。（NASA/WMAP 科学团队）

一概念的提出为所观测到宇宙的均匀性和各向同性提供了一种可能的解释。不过，并没有什么原理或者定律阻止宇宙在某些小范围内产生不均匀性。实际上，我们所观测到的星系、恒星和行星就是这一局部不均匀性的体现。一个基本观点是：如果原初宇宙中不存在任何密度的不均匀，那么当今宇宙也应该仍然保持完全均匀，也就不可能有任何致密天体形成。因此我们可以想象在原初宇宙流体中应该存在一些密度起伏的"团块"。尽管它们都非常小，但这些小的密度超出会形成局部的引力场。这些小团块就能够通过引力相互作用吸引周围的物质而缓慢地增长。若单从直觉上分析，这种增长应该会一直持续下去，因为似乎没有什么其他的因素来阻止万有引力的作用。然而，正如我们已经知道的，在复合时期之前，光子始终与重子物质混在一起，并且频繁地相互作用，具有相同的密度。这一时

物质、暗物质和反物质

期辐射压是唯一倾向于阻止团块增长的因素。

5.4 天空中的和声

引力和辐射压这两种相互作用对抗的结果，可以用我们所熟悉的声波的例子来做个说明。如果我们压缩空气，例如用木棍敲打鼓面，就制造出了一列声波，它会随着时间的推移在空间中传播。气体的压强会抵抗压缩，因此最初因为敲击而产生的局部空气压强的增大会转而再次减小，但是气体的压强并不是立即回到敲击之前的初始状态，而是转移了这个压强，在相邻的位置产生了另一个压强增大的区域，如此反复，声音（声波）就被制造出来了。这与原初宇宙的情形非常相似：引力与抵抗它的辐射压之间的较量会在原初宇宙流体中产生密度高低交替的变化。一个局部的密度扰动能够导致密度的振荡，并且在原初宇宙流体中传播开去，就像声音在空气中传播那样。我们因此称之为宇宙声波。这种宇宙声波表现为一连串密度值的峰和谷，也相应地造成了温度的波动（当气体被压缩时它的温度会升高，比如我们用打气筒给自行车打气时会发觉气筒壁微微发热）。由于物质连续地收缩和扩张，与流体压强直接关联的温度也相应地起伏变化。

直到复合时期开始，光子不再因为与物质粒子以及其他光子的相互作用而被囚禁，终于可以携带着之前所处区域的（包含微小扰动的）温度"记忆"，开始在宇宙空间中自由传播。因此，作为宇宙学模型的一个基本预言，我们应该能够在天空中的不同区域观测到宇宙微波背景辐射的微小温度差异。我们实际上要观测的是这个温度变化的幅度，它反映了原初宇宙中初始团块的尺度大小。WMAP团队最新的观测结果表明宇宙微波背景辐射的温度存在十万分之一量级上的波动（这一结果与理论预言一致）。

当然，我们还可以进一步分析这些微乎其微的波动。对宇宙声波进行细致的分析研究发现存在着一个特定的空间尺度。事实上，宇宙声波只有从它产生到复合时期开始之前这一段有限的传播时间,这也就限制了它所能传播的距离。我们由此可以推测应该存在这样一个特征尺度:声学视界。声学视界的大小可以这样估算,宇宙声波在宇宙流体中的传播速度可以认为跟光速是同样量级的,而传播持续的时间可以假设为从大爆炸开始到复合时期开始之前。由此我们得出声学视界的尺度约为4.5亿光年。在复合时期开始时,光子从与重子物质的相互作用中退耦,从而能够由这些密度具有微小起伏的区域逃离出来。也许实际的情形要比上面所描述的更为复杂一些,但存在一个特定尺度的声学视界这点是肯定的。因此,我们希望能够通过研究宇宙微波背景辐射在天空中的温度分布,发现对应声学视界的某个特殊的空间尺度。实际上,由于温度扰动而产生的小团块在宇宙流体中还可能随机地发生碰撞,这就会在宇宙声波中产生一定的"杂音"。因此,有必要采用统计的技术手段来去除这些"杂音",以提取我们所需要的信息。

这里需要提到一个帮助测定温度的工具——"功率谱",但我们不会谈及过多的技术细节。这是一个数学参量,可以帮助检查对于给定的尺度,一张图像上的各处在这一尺度上是否具有相同的特征。给定一个尺度,如果一张图像在这个尺度上各处特征不相同,则计算出的"功率"值是0。那么我们就再选取另一个尺度重复这个计算过程。如果对某个给定的尺度,图像在这个尺度上各处都具有某种相同的特征,则会计算出非零的"功率"值。使用这种统计工具分析宇宙微波背景辐射的温度分布图,对应于所预计的声学视界的尺度,应该会得到一个非常显著的"功率"值。在实际的分析中,我们使用的是张角尺度,而非距离尺度。把所估算出的4.5亿光年的声学视界转换为视角 $è$,我们得到对应的值为 $è \approx 1°$。让宇宙学家感到非常满意的是,分析 WMAP 的数据所得到的宇宙微波背景辐射温度分布的角功率谱的峰值正好就对应这个张角尺度(图5.4)。

这个发现对理论学家和实验学家来说都是个巨大的成功,是他们几十年努力的成果,验证了宇宙学模型对宇宙从普朗克时期开始到大约140亿年时间内演化过程描述的正确性。(这一结果中第一个峰的"和声"——第二个峰的高度还告诉我们另一个重要的信息:复合时期宇宙中重子物质的

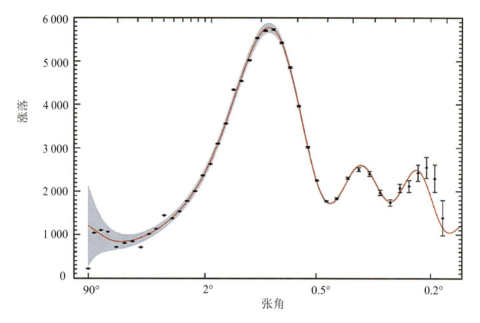

图 5.4　WMAP 所测得的宇宙微波背景辐射温度分布中的微小涨落的角功率谱

该图显示了 WMAP 的 CMB 全天温度分布图中那些"斑点"的相对亮度与"斑点"的空间尺度之间的关联。这种分析方法使我们能够通过图中一个或多个峰所对应的尺度来确定"特殊尺度"的大小。在对宇宙微波背景辐射的温度分布进行分析时,我们用张角作为上图的横轴,轴上由左至右所对应张角不断减小。注意到对应张角约为 1°的位置有一个非常明显的峰值,这个张角值就对应声学视界的尺度(4.5 亿光年)。(NASA/WMAP 科学团队)

总量,详细讨论参见下文。)

　　观测结果与理论预言吻合得如此之好！我们还有什么可说的呢？大家也许注意到了,在图 5.4 中,由 WMAP 的数据分析所得到的角功率谱存在不止一个峰值,而是存在随着尺度减小幅度不断降低的一系列波峰和波谷。这是由于在复合时期开始时,宇宙声波可能存在或稠密或稀薄的多个不同状态的缘故。事实上,完整细致的计算也确实预言了这样一系列的谐波,这和用乐器弹奏一个音符会伴随一系列谐波的原理相类似。让我们再次强调一下,这项观测结果与理论预言简直就是完美地相符。探测并测量到由宇宙暴胀时期的原初量子扰动发展而成的宇宙声波的功率谱中一系列的波峰,无疑是现代宇宙学模型最伟大的胜利之一！

5.5 称量物质和光

现在让我们暂时把关于宇宙微波背景辐射光子的讨论放在一边，回到寻找重子物质的问题上来。实际上，我们之前估计宇宙声波在宇宙流体中的传播速度时完全忽略了宇宙中的重子物质。尽管我们可以预计重子物质的影响应该几乎可以忽略不计（当时的宇宙中每存在一个重子，就对应存在大约十亿个光子），但重子物质的存在确实会改变宇宙声波传播的速度，这个修正应该是能被探测到的。事实上，宇宙声波的传播速度是重子物质密度的函数，重子物质密度越大，宇宙声波的传播速度就越慢。这意味着早期宇宙中重子物质所占的比重越大，声学视界的尺度就会变得越小。此外，重子物质的质量也会影响引力与辐射压之间的竞争，重子物质的存在增添了额外的引力质量，从而产生更强的压缩，导致更显著的温度变化。因此，宇宙微波背景辐射温度分布的功率谱上一系列峰和谷的幅度取决于复合时期宇宙中重子物质的总量。测量功率谱上这些峰的高度就可以推算出宇宙只有 30 万岁时重子物质的密度参数 Ω_b。

测量整个天区中的这些（微乎其微的）温度扰动，并从中提取出关于重子物质密度等方面的科学信息并不是件容易的事。一系列相关的实验和观测在最近几十年中开展起来，这之中既有地面项目也有空间项目。COBE 卫星项目是其中最早的一个（图 5.5），它是在美国国家航空航天局支持下建造的一颗卫星，于 1989 年发射升空。2006 年，COBE 团队的负责人被授予诺贝尔奖，奖励他们最先对宇宙微波背景进行测量并且得到了被科学界一致认可的结果。COBE 的继任者 WMAP 卫星（图 5.6）在 2001 年由美国国家航空航天局发射升空。经过五年的连续观测，WMAP 获得了具有无与伦比的分辨率的测量结果，完善了早期地面仪器和气球实验的估测结果（参见第 8 章）。考虑了 WMAP 的观测数据后的最终分析结果给出：当今宇宙中的重子物质密度参数为

物质、暗物质和反物质

图 5.5　COBE 卫星的示意图

COBE 卫星是 WMAP 的前身，于 1989 年由美国国家航空航天局发射并送入绕地轨道，目标是拍摄大爆炸的遗迹——宇宙微波背景辐射的全天图像。该项目于 1992 年公布了第一批观测结果。COBE 卫星在它有限的分辨率（7 度束宽）下首次展示了 CMB 全天温度分布的诱人细节。（NASA/COBE 科学团队）

图 5.6　WMAP 卫星利用月球引力提速，通过弹弓效应飞向第二拉格朗日点

发射后三周，在经过了三圈绕地定相轨道后，WMAP 卫星恰好飞到月球绕地轨道后面。利用月球的引力，WMAP 卫星偷到了月球的极小一部分能量，成功地运行到它最终停留的位置——距离地球 150 多万千米的第二拉格朗日点。（NASA/WMAP 科学团队）

$$\Omega_b = 4.4\%$$

让我们花一点时间来说明一下,上面的这一结果与研究原初核合成而得到的重子物质密度参数是通过两套完全独立的方法获得的两个结果,但是这两个结果却惊人地一致——这是对大爆炸宇宙学模型的一个有力支持。最后,需要指出的是,宇宙中不同类型的能量/物质组分在复合时期发生的物理过程也纷繁复杂。但这种复杂性也带来一个好处:除了确定 Ω_b,对宇宙微波背景辐射温度的测量还可以给出宇宙总的物质/能量含量(用密度参数 Ω_T 表示,这个参数可以由功率谱的第一个峰所对应的空间尺度来确定)以及总的物质含量(用密度参数 Ω_m 表示)。注意这里提到的两个密度参数都指的是对应当今宇宙的值。WMAP 团队的分析给出了惊人的结果(图 5.7):

$$\Omega_T = 100\%,\quad \Omega_b = 4.4\%,\quad \Omega_m = 23\%$$

一方面证明了重子物质不是宇宙物质组分的主要部分,另一方面也证实了暗能量的存在(用密度参数 Ω_X 来表示,由于所有组分的密度参数之和必须等于 $\Omega_T = 100\%$,可以推知 $\Omega_X = 72\%$)。

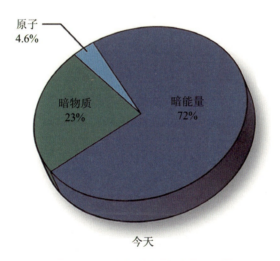

图 5.7 当今宇宙能量/物质组分图

图为天文学家通过分析 WMAP 的观测数据所得到的当今宇宙($z=0$)能量/物质组分图。该结果表明今天的宇宙主要由 4.6% 的原子物质、23% 的暗物质、72% 的暗能量以及不足 1% 的中微子构成。可见,构成那些发光的恒星和星系的普通物质(重子物质)仅占宇宙全部能量/物质的一小部分(约 5%),我们的宇宙是被暗物质和暗能量所主宰的。暗物质不辐射或者吸收光,所以它们只能通过引力效应被间接地探测到。暗能量在宇宙中扮演了一种"反重力"的角色。与暗物质不同,暗能量被认为是导致今天宇宙加速膨胀的原因。(NASA/WMAP 科学团队)

物质、暗物质和反物质

第6章

宇宙的画布

钝剪子糟蹋好布。

——瓜德罗普谚语

至此,我们已经对邻近宇宙中的重子物质进行了一番搜索,并且对它们的总质量进行了估算。但令人非常沮丧却又必须接受的事实是:我们并没有找到大爆炸后第三分钟原初核合成所产生并遗留至今的全部重子物质。但是分析宇宙微波背景辐射全天温度分布的功率谱,我们又确认了在大爆炸后 30 万年宇宙微波背景辐射形成的时刻,宇宙中仍然存在着与原初核合成所产生的数量相符的重子物质。那么,在那之后直到 137 亿年后的今天,这之间发生了什么?少掉的那些重子物质又去了哪里?在宇宙演化这条路上肯定还有更多未知的岔路和转折,我们有必要一一把它们弄清楚。

6.1 宇宙结构的规则

在复合时期,质子以及其他更重一点的原子核捕获电子,使得宇宙变成电中性的,并导致了宇宙微波背景辐射的形成,之后我们的宇宙完全由暗物质和中性气体(通过原初核合成过程形成的 75% 的氢、25% 的氦以及极其微量的氘、锂和铍)构成。在当时的宇宙环境条件下(最初温度为几千度,而后逐渐降至几百度),这些中性气体从化学性质上来说都是理想的惰性气体,因此弥散在整个宇宙空间内。之后的数百万年里,除了宇宙膨胀,宇宙之中再没有其他的故事发生……真的就完全没有任何事情发生吗?

嗯,也许不能那么肯定,因为引力,尽管此时它的作用还不显著,但已经开始寻找比较有利的环境逐渐发挥它的影响力了。当然,要等到物质超过辐射,占据宇宙能量/物质组分的主导地位之后,宇宙物质密度分布的小涨落才真正开始在引力作用下增长。慢慢地,原初宇宙中由于量子涨落而形成的团块(参见前一章)在自身质量的作用下开始增长。开始时增长非常缓慢,因为此时团块与它周围物质密度的差别微乎其微(最初暗物质密度分布的涨落只有大约十万分之一)。而后,随着这些团块(主要由暗物质构成)密度的增加,它们开始吸引越来越多的周围物质,同时也增强了周围的引力势。这些原初的团块最终会形成引力平衡的"暗物质晕",而这些暗物质晕就是星系的前身,其中的重子物质(只占极少数)在之后漫长的岁月中也将逐渐聚集形成我们今天所看见的恒星。在这些重子物质聚集形成恒星的过程中,气体的温度和密度会逐渐升高,有可能最终触发核反应。因此,在经历了数千万年没有任何化学反应,只有暗淡的宇宙背景辐射的所谓的"黑暗时期"之后,第一代恒星开始形成,宇宙中一些零星的角落又开始被点亮了(图6.1)……

通过这种方式,宇宙大尺度结构一点一点地建立起来了。今天,宇宙中的星系形成了纤维和薄膜形状的网状结构,包围着一个个宇宙巨洞,而纤维状结构的交叉点上是一个个星系团,像一个个"结"把宇宙这张大网织在一起。

物质、暗物质和反物质

图 6.1　宇宙在 137 亿年时间内演化过程的示意图

图片最左边描绘的是我们现在所能探测到的宇宙最早的时刻——"暴胀时期",这期间宇宙经历了一个爆炸式的指数膨胀(图中空间的大小由网格垂直方向的间隔来表征)。暴胀时期之后的几十亿年中,由于物质间通过引力相互吸引,宇宙膨胀逐渐减慢。直到距离今天更近的某个时期,暗能量开始在宇宙能量/物质组分中占据主导地位,在暗能量的排斥作用影响下,宇宙又开始加速膨胀。WMAP 卫星所探测到的早期宇宙的遗迹光子是在暴胀时期后大约 30 万年的时候退耦的,并且此后一直畅通无阻地在宇宙中自由穿行。这些光子记录了早期宇宙的状态,并且构成了之后宇宙演化的背景光。(NASA/WMAP 科学团队)

6.2　第一代恒星和类星体

在距今至少一百亿年以前,宇宙中的第一批恒星被点亮了。它们和我们熟悉的太阳有很大的区别吗?答案几乎是肯定的,因为太阳是相对较晚时候形成的,至今只有大约五十亿岁。太阳是在富含金属元素的环境中形成的,这些金属元素是在更早几代恒星的内部通过恒星核合成过程形成的。后面我们将会谈到,是否富含金属元素是区别恒星起源的一个重要因素。当然,想要通过观测了解第一代恒星的基本性质(它们的质量、光度、寿命、辐射等)一定是件非常困难的事情。

天文学家把这类最原初的一代恒星称为第Ⅲ星族恒星,尽管这个命名方式中所采用的数字顺序正好与它们形成的时间顺序相反,但因遵循传统一直沿用至今。第Ⅲ星族恒星在宇宙中只存在了很短的一段时间,形成它们的原初宇宙环境在当今宇宙中已经不再存在或至少已经发生了本质上的变化,关于这点我们将在后文中予以论述。最近,天文学家们观测到了极其遥远处(在红移 $z>8$ 处)的伽马射线暴,这使我们又重燃了直接观测第一代原始恒星死亡时所发生的壮烈爆发的希望。令人遗憾的是,即便能够观测到更加遥远之处的天体的爆发,我们可能也只能获得关于这些天体的部分信息。更遗憾的是我们目前所能观测到的最遥远的天体所对应的红移也是在第一代恒星形成之后很久。鉴于这种缺乏观测数据的现实,我们究竟能够了解第一代恒星的哪些性质呢?

恒星形成过程中的一个重要因素是形成恒星的媒质的化学组成。化学组成是宇宙环境条件中决定恒星初始质量的一个重要因素。事实上,是否存在金属元素(在天体物理中把除氢和氦以外的元素统称为金属元素)控制着气体的辐射冷却过程,进而决定了气体的温度、压强以及是否能够抵抗引力塌缩和碎裂。为什么会是这样呢?当气体在其自身引力的作用下开始聚集时,它的压强和密度逐渐增大。构成气体的原子间的碰撞也变得更加频繁,一些电子因此被激发到更高的能级。当这些电子从激发态跃迁回基态时,原子就会辐射出一个光子,光子的能量对应始末两个能级的能量差。在开始阶段气体的密度较小,不足以保证光子与电子有足够的概率发生相互作用,因此原子所辐射出的光子能够从气体云中逃逸出去,带走正在向内塌缩的气体的一部分能量。这种能量损失的过程导致了气体云的"辐射冷却"。氢和氦之外的其他元素原子的存在会增强上述的"冷却"过程,因为这些重元素的存在增加了原子中可能发生跃迁的电子的数目。

同时原子间发生碰撞的次数也会增加,这有利于能量的转移。如果一次碰撞所传递的能量小于氢原子激发态与基态间最小的能量差,则这个过程不会产生任何光子。存在更多不同能级分布的原子意味着有更多类型的碰撞可以产生光子辐射。因此,在气体向内塌缩的过程中,含有金属元素的气体比起仅由氢、氦构成的气体更能有效地被冷却。显然,在气体云的塌缩过程中,一旦气体变得足够稠密,光子开始因为与其他物质频繁地相互作用而被捕获,无法再携带一部分能量逃逸出去,上面提到的冷却过程也就停止了。这时气体云内的状态与整个宇宙在复合时期之前的状态类似。这些气体云有可能因此达到足够高的温度而触发核反应。

研究完了影响恒星形成的其中一个重要因素,我们现在可以重新回到最初的第一代恒星的起源问题。现实中,一团原始气体云既不会是个理想的球形,也不可能是完全均匀分布的。因此气体云内不同位置的物理条件,主要是温度和压强,可能非常不同。随着气体不断向内塌缩,这种温度和压强在各处的差异可能导致气体云碎裂成几块,每一块碎片都可能最终诞生一颗恒星。这些碎片的大小是由气体云各个区域的"局部"物理条件决定的。计算表明,相同密度的气体云,温度越低,碎裂所产生的碎片数目就越多。因此,原初气体云(不含金属元素,故冷却缓慢)中(相对较大)的碎片可能形成质量相当大的恒星,它们的质量可以达到太阳质量的300倍。而在富含金属元素的环境中形成的恒星的质量上限是太阳质量的60至80倍。

第Ⅲ星族恒星具有更高的质量这个事实将导致两个直接的结果。首先是这些恒星的寿命非常短(有些甚至不到一百万年),并且它们死亡时必定会发生超新星爆发(图6.2)。这就解释了为什么今天没法找到这些恒星的踪迹,但我们也许能够通过观测距我们最为遥远的那些伽马射线暴来探测这些最初一代恒星的死亡。其次是这些恒星会产生极其强烈的紫外线辐射,我们将在后文再深入讨论这一结果的重要性。

至此我们一直都在讨论最早的第Ⅲ星族恒星的形成,但也别忘了包含这些第一代恒星的星系也同时伴随产生了!原初宇宙中那些密度超出的区域中某些聚集了足够物质的地方则成为第一代黑洞的发源地。黑洞是一类质量极大以至于连光也无法从其引力势中逃脱的天体。一旦形成,这些宇宙怪物就会吸积它们周围气体云中的物质,并逐渐形成一个围绕中心黑洞旋转的圆盘(吸积盘)。在这个快速旋转的吸积盘中被加速的粒子会发出特定频率的辐射,通常称之为轫致辐射或自由-自由辐射。这种辐射

图 6.2　极早期(小于 10 亿岁时)宇宙形态的示意图

这是第一代恒星如饥似渴地开始形成时宇宙看起来的样子。这些第Ⅲ星族恒星中质量最大的那些死亡时将引发自身的爆炸形成超新星爆发,像是在天空中点燃了一串鞭炮。(阿道夫·夏勒(Adolf Schaller)为空间望远镜科学研究所所画)

的能谱与恒星的光谱非常不同,它是一种新的类型的天体——类星体的特征信号。这类天体在天空中看起来像是与恒星类似的点源,因此被叫作类星体。类星体的光谱(流强相对于波长的变化曲线)相对来说更为平坦,而恒星的光谱则呈"山峰"的形状(图 6.3)。

　　类星体所辐射的能量大部分都集中在紫外和 X 射线波段,是电磁波中能量最高的波段,因此所辐射出的这些光子和物质相互作用,很容易把物质中的电子从原子中剥离出来。不难猜测,类星体这种神奇的天体在宇宙之后的演化中一定扮演了重要的角色。

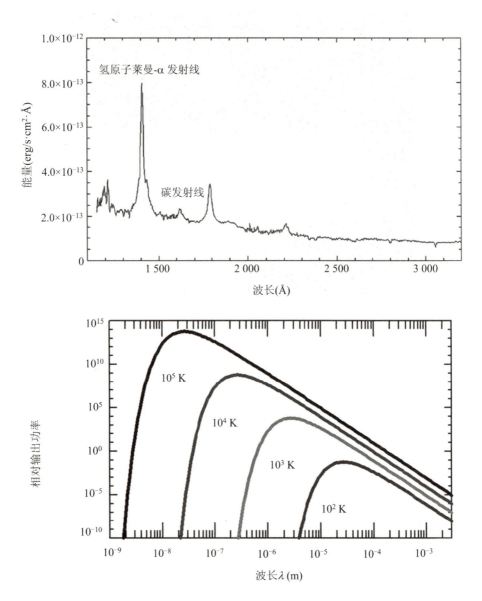

图 6.3 恒星光谱与类星体光谱的对比

邻近的类星体 3C273 是天空中最亮的天体,上图显示了它的光谱,其中出现了莱曼-α 特征谱线,而下图显示的是不同温度的黑体谱。粗略来说,普通恒星的光谱非常近似于黑体谱。值得注意的是,类星体紫外波段的辐射较高,而太阳所辐射的紫外线相对于它所发出的可见光是微不足道的。

扩展阅读

类 星 体

20世纪60年代初,天文学家们在进行一项观测时将剑桥干涉仪(Cambridge interferometer)对准一个已知的射电源,结果第一次发现了类星体。所观测到的看起来像是恒星的点源中的一个显示出了奇怪的光谱,其中出现了若干并不对应任何已知元素的非常宽的发射线。起初,天文学家们认为他们发现了一种新的类型的恒星。随后的观测又找到了其他具有相同光谱特征的源,但它们的本质仍是个谜。直到加州理工学院的天文学家马丁·施密特(Maarten Schmidt)产生了一个大胆的想法,把这些天体的红移取成0.15(这个红移值比当时已测得的天体的最大红移还要高十多倍),这才发现类星体光谱中的宽发射线其实就是已知的氢线和氧线。

如此遥远的天体具有与邻近恒星相当的视光度,这意味着这些天体源实际的本征光度是极高的,相当于普通星系总光度的几十倍,但其发光的区域却集中在一个非常小的范围内。后来才有科学家提出,这些奇特的天体应该是被高速旋转的吸积盘围绕着的大质量黑洞。这种假设可以同时解释类星体巨大的能量输出、光谱的性质以及为什么它如此致密。

类星体的光谱中所看到的发射线都是宽线,这是因为吸积盘内气体的热运动非常剧烈(很容易就能想象,黑洞周围的环境一定不会是平静的)。假设一原子静止时辐射出的光子波长为 λ_0,那么当它以速度 v 远离观察者运动时则会辐射出波长为 $\lambda_0(1+v/c)$ 的光子(其中 c 为光速)。对于一大群原子,假如它们的速度介于 $-v$ 和 $+v$ 之间(原子可能朝向也可能背离观察者运动),那么这群原子辐射出的光子的波长就将介于 $\lambda_0(1-v/c)$ 与 $\lambda_0(1+v/c)$ 之间。类星体周围区域气体原子的运动速度可以超过5 000千米/秒(与之相比,"正常"星系周围的气体云中气体原子的典型运动速度最高为300千米/秒)。这就是类星体光谱中的发射线展宽很宽的原因。

6.3 烹调残羹剩菜

所以随着宇宙演化的推进，宇宙中的重子物质注定会聚集在暗物质晕中作为形成第一代恒星的原料。那么我们就要问了，所有的原初气体最终都转变为恒星了吗？换句话说，形成恒星的过程中原料的利用率是100%吗？如果答案是肯定的，那么想要"称量"这些遥远时期的重子物质就会是项不容易的任务，因为那时所形成的最早一代的恒星现在早已经消失了。如果答案是否定的，那么没有转化成恒星的那些剩余气体又到哪里去了呢？这些没有被用掉的气体在原初气体中占多大比例？如果这些剩余的气体确实存在，我们有可能探测到它们吗？后面我们会一一寻找这些问题的答案，但在那之前，先来点小插曲……

我们已经看到了，原恒星和类星体一样都有个特别的性质，就是能辐射出非常高能的紫外线光子。这样高能的辐射很可能使原恒星周围那些没有形成恒星的剩余气体被重新电离。如果原恒星周围确实存在剩余气体，那么我们应该能观察到两个现象：一是那些原恒星形成的位置被一个个气泡（称为斯特龙根球区，Stromgren sphere）包围；二是随着恒星和类星体的数量逐渐增加，应该有越来越多的高能辐射光子充斥整个宇宙空间。

很容易就能得出这样的推论：不论剩余气体是仅占原初气体的一小部分或者正相反占了原初气体的绝大部分，它们是呈现电中性还是处于电离状态只取决于它们被观测到时所处的宇宙时期（即取决于它们的红移）。我们可以很容易想象得到那些残余气体应该是非常稀薄的，因为若非如此，它们应该已经变成恒星的一部分了。这些残余气体弥散在由星系构成的纤维状结构周围，构成了所谓的星系际介质（IGM）。我们还可以知道这些气体是由氢原子（以及部分氦原子）构成的，而在这样的温度密度条件下，它们所发出的辐射目前的探测器还没有办法探测。未来的一些更为灵敏的探测器，例如平方千米阵列（Square Kilometre Array, SKA）很有可能能直接探测这些残余气体所发出的辐射（参见第 8 章）。那么现在我们要怎么知道这些气体是否存在呢？

对天文学家来说，有个好消息是气体会吸收辐射（最好的一个例子就是地球的大气层，它能吸收来自太阳的紫外线辐射，从而保护地球上的生命）。星系际气体也不例外。气体原子要想吸收一个光子，首先原子核外至少需要有一个轨道电子环绕（如中性氢，或者部分电离的氦），此外这些气体还必须恰好挡在高能光子传播的路径上。早期宇宙的"化石"光子——微波背景辐射光子虽然无处不在，却不会被星系际介质吸收。事实上，原子氢主要吸收紫外辐射，而宇宙微波背景辐射光子在第一代恒星形成的时期虽然比现在的能量要高，也只达到射电波段。幸运的是类星体，有时也被称为 QSO（quasi-stellar object 的缩写，意思是类似恒星的天体），当时已经存在于宇宙中了，并且恰好可以提供探测星系际介质所需要的紫外辐射。

选择类星体作为辐射源有三重优势：第一，它是致密天体（其辐射可以看成一条光线）；第二，光度高（因此即使是距离非常遥远的类星体也可以被观测到）；第三，辐射主要都集中在紫外波段。由于这些原因，类星体常常被称作宇宙中的灯塔，照亮了它前方的星系际介质（图 6.4）。如果遥远的类星体所发出的光传播到地球的路径上有气体云存在，我们应该观测到什么样的现象呢？再回头看看类星体 3C273 的光谱（图 6.3 上图），我们可以产生一些想法。以波长为横轴，我们看到类星体的光谱呈平缓的平台状（之前提到过这是轫致辐射的光谱形状），再叠加上一些宽发射线，其中最明显的一条宽发射线就是莱曼-α 线[①]。这些宽发射线（除了莱曼-α 线，我们在光谱上还能清楚地看见另一条强度弱得多的宽发射线——莱曼-β 线）是吸积盘外区所产生的辐射。这一区域非常靠近黑洞，因此其中的气体原

---

① 莱曼系是氢原子发射的一系列光谱线（莱曼-α、β 等）。若氢原子核捕获一个自由电子到第一个激发能级，当它跃迁到基态能级时，多余的能量会以波长 1 215 Å 的光子的形式被释放（莱曼-α）；第二个激发能级上的电子跃迁到基态则对应莱曼-β 线，以此类推。当气体吸收特定频率的光子时，莱曼系也表现为一系列吸收线。

子会大量吸收来自黑洞吸积盘的辐射而被激发,再辐射出特定波长的光子,其所辐射的光子的波长是由该区域气体的元素组成决定的。当然,这些引人注目的氢发射线并不是我们此时所感兴趣的,因为它们来自类星体附近的区域,而非我们这里想要研究的星系际介质。

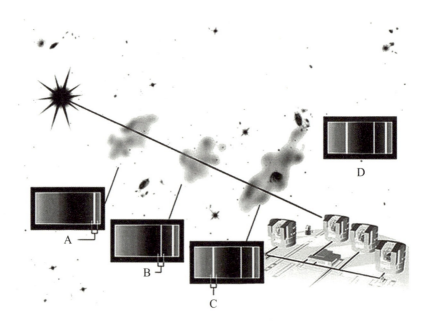

图 6.4　类星体作为宇宙灯塔

类星体所发出的光线在到达地球的过程中可能穿过若干气体云,这些气体云会在类星体的光谱上不同波长的位置处留下相应的标记(吸收线),而这些吸收线所对应的波长取决于气体云所在的位置或者说取决于这些气体云逃离我们的速度(即红移)。(ESO)

6.4　一片神秘的森林

现在让我们来看看位于红移 $z=2.5$ 处的一个类星体的光谱,这一距离对应宇宙年龄大约25亿年时(图6.5)。在这幅光谱图中我们同样也发现了莱曼-α线,但是由于宇宙膨胀,它红移到了波长更长的位置。莱曼-α线能够给出当地气体中所包含的氢原子的特征。

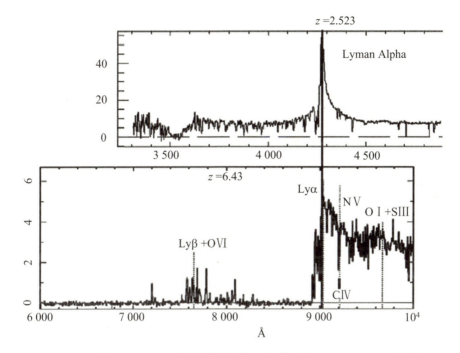

图 6.5　红移 $z = 2.5$ 处一类星体的光谱（上图）与红移 $z = 6.43$ 处一类星体（距离我们最遥远的类星体之一）的光谱（下图）对比

如果把红移 $z = 2.5$ 的类星体的光谱与类星体 3C273 的光谱（图 6.3）进行对比，就会注意到上图的光谱中包含由星系际气体云所产生的吸收线（向下的凹陷）。而红移 $z = 6.4$ 的类星体处于紧接着电离时期之后的宇宙时期，它的光谱中莱曼-α 线的左侧呈现完全吸收状态，只有少数几条发射线。（布里格斯（F. Briggs）博士）

这一类星体光谱最让人吃惊之处是莱曼-α 线的左右两侧是不对称的。右侧部分只偶然出现一些单独的吸收线，这些是类星体所发出的光线在传播过程中穿过的某个星系中的重元素所留下的标记，而左侧部分就完全不同了，它包含数量惊人的特征吸收线。这种差异只可能由光线传播路径上存在若干星系际气体云来解释，每一团气体云都会相应产生一条莱曼-α 吸收线。实际上，这些吸收线会位于光谱上的不同位置（虽然按理说它们都对应波长 1 215 Å）完全是因为宇宙膨胀的缘故。根据哈勃定律，星系或者气体云的退行速度与它们的距离成正比，两团位于不同距离处的气体云会在不同的波长位置产生相应的吸收线。对我们正在讨论的问题而言，宇宙膨胀为我们区分由不同气体云所产生的吸收线提供了便利（如果一条视线上的所有气体云相对彼此都是静止的话，它们在类星体光谱上所产生的吸收线就会全部叠在一起而没有办法区分)。

  现在让我们转而讨论目前所探测到的距离最遥远的一个类星体($z\sim 6.5$,图6.5)。可以看到,由于宇宙膨胀(宇宙学红移)的缘故,光谱中的莱曼-α发射线位于波长相对较长的位置,它左侧的辐射被完全吸收。这说明这个类星体所发出的光线传播到地球的路径上肯定存在着大量星系际气体云,或者在光线传播路径上存在着连续分布的某种电中性的介质。这两种情况都可以导致类星体辐射的完全吸收。因此如果观察到天体物理学家所发现并称之为莱曼森林的这种吸收,就意味着在光线传播的路径上存在着大量中性气体云或者某种连续分布的介质。在后一种情况下,完全吸收区域与单独的吸收线间的过渡位置将可以给出复合时期所对应的红移,也就是给出复合时期开始的时间。对高红移类星体的观测数据做深度分析,所得到的结果显示这一转变发生在红移 $z>6$ 的地方,而 WMAP 用完全不同的另一套方法得到的结果却是复合时期开始的时间在红移 $z\sim 17$ 的地方。

  因此,还需要进一步的研究工作来获得更为自洽和一致的结果。然而,除了确定复合时期开始的时间(红移),由类星体的光谱我们还可以获得更多的信息,尤其是关于产生这些吸收线的气体云的质量的信息。通过原子物理我们可以计算出气体屏蔽辐射的能力,再代入辐射的强度,就可以推算出这些气体云的总质量。当然,分析单个类星体光谱的吸收线所能得到的只是气体云的"柱密度",即沿视线方向投影到天球上一个非常小的区域上的原子数。要想推测气体云所包含的原子总数,还必须知道气体云在天球上投影区域的大小。

  乍一看这是一个很容易解决的问题:只要用足够多的光线穿过一团气体云,我们就能够测出它在天球上投影区域的大小了。而上帝也恰好给了天文学家们这样的机会:天空中存在着一些成群的类星体,它们在天球上的投影之间的距离只有几角秒到几角分,对应的实际距离为几万到几十万光年,与星系际气体云的大小相近。当然,类星体群是很罕见的,并且我们没有办法根据所需测量的气体云的大小来选择间距合适的类星体群。事实上,天文学家已经探测到了一团恰好被两个类星体所发出的光线同时穿过的气体云,但这只能给出这团气体云大小的下限。因此我们最后还是得依靠统计的方法来进行估计:通过比较一个类星体或多个类星体光谱中的吸收线来推算气体云的平均大小。天文学家们在例如欧洲南方天文台(European Southern Observatory)的甚大望远镜(VLT)以及夏威夷的凯克望远镜(Keck Observatory)这种口径极大的望远镜(才有可能观测到遥远的微弱的天体目标)上安装了高性能的光谱仪来观测遥远类星体的光谱,使得我们有可能能够达成上面的目标。当所有这些艰难的任务完成后,我们也就接近问题的最终答案了。最新的研究结果表明,考虑到所采用的方法本身的不确定度,对于红移 $z>3$ 的情形,莱曼森林中包含了超过90%的宇宙重子物质。再算上当时已经形成的星系中所包含的3%的重子物质(对应所谓的"金属"线,例如莱曼-α线右侧的 CⅣ 碳吸收线),我们似乎是找到了全部的重子物质……

同在 $z=1\,000$ 处一样,在红移 $z=3$ 处所有的重子物质也都如数到齐了。

6.5 最终的估算

我们完全可以把同样的方法用于邻近宇宙的情形($0<z<3$)来估计"莱曼森林"中可能包含的而非存在于恒星、星系以及星系团中的重子物质的总质量。记住,我们在之前的章节中曾计算过恒星、星系以及星系团中所包含的重子物质,它们只占到宇宙总能量/物质的 0.5%或原初重子物质的大约 1/8。邻近的类星体 3C273 的光谱很清楚地显示出"近处"的森林要比宇宙早期的稀疏得多。当然,这个结果并不出人意料:在过去的130亿年中,随着原初气体不断聚集,宇宙中不断有恒星和星系产生,逐渐耗尽了这些气体物质。此外,星系际介质内部的物理条件也发生了变化,这主要是由于类星体密度的减少。那么,邻域莱曼森林中所包含的重子物质的总量到底有多少?我们当然希望它恰好就是消失的那7/8的重子物质,即宇宙总物质/能量的 3.5%。然而我们又一次失望了,因为研究最终发现这部分重子物质只占到宇宙总物质/能量的 1.8%。到目前为止,在 $z=0$ 处(当今宇宙),我们总共只找到了占宇宙总能量/物质 2.3%的重子物质。

物质、暗物质和反物质

这意味着原初核合成所产生的重子物质在当今宇宙中仍有大约50%没有找到其踪迹(表6.1和图6.6)。宇宙还在跟我们玩令人讨厌的捉迷藏游戏!丢失的那50%的重子物质仍有待我们去发现,这需要用到一些新的工具,其中就包括计算机模拟技术,在下一章我们就要讨论这方面内容。

表6.1 以星系中的恒星和气体、星系团以及邻域莱曼森林中的X射线热气体形式存在着的普通物质(即重子物质)在宇宙总能量/物质中所占的比重(用下标不同的重子密度参数 Ω_b 来表示)

不同形式的重子物质	在宇宙总能量/物质中所占的比重
星系中的恒星与气体+星系团中的 X 射线热气体 $\Omega_{b\text{-stars/gas}}$	~0.5%
邻域莱曼森林 $\Omega_{b\text{-Local-Lyman-alpha}}$	~1.8%
总量($z=0$)	~2.3%

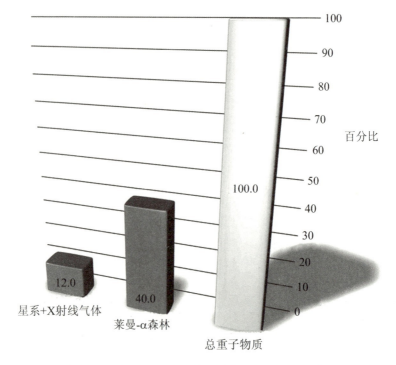

图6.6 星系中的恒星和气体所包含的重子物质、星系团和邻域莱曼-α森林内的热X射线气体所包含的重子物质在宇宙总重子物质含量中所占的比重

当今宇宙中有近50%的普通物质仍然下落不明。

第7章

揭开面纱：计算机模拟

不知道如何掩饰的人不知道如何统治。

——路易十一

　　正如我们在前面的章节中已经了解到的，当今宇宙中很大一部分（大约一半）的重子物质目前仍然下落不明，而相反地，暗物质，虽然它的本质仍是个谜，其总量却能够被准确地计算出来。看来情况还不算糟糕！那么，那些失踪的重子物质又是如何隐藏它们自己的？又都藏在哪里了呢？在前一章中，我们描绘了大爆炸后重子物质演化的图像，至少直到红移 $z=3$ 附近，这一描述似乎仍是有说服力的。而对于离我们更近的时期（或者说对于更小的红移 z），有部分重子物质虽然待在我们邻近的宇宙空间，却没有办法通过现有的探测手段发现它们。因此，我们求助于计算机模拟，来进一步探讨这个奥秘。

　　为什么要用计算机模拟的方法呢？与物理学家或者化学家不同，天文学家尤其是宇宙学家不可能通过在实验室里做实验分析他们的研究对象在各种条件下的行为来了解天体的属性。当然他们也不可能像行星科学家那样把研究对象的样本带回实验室进行分析。天体物理学家的研究对象是遥不可及的，也根本不可能在实验室里创造出一颗恒星或者一个星系来。当然，也有一些例外，例如在星际介质中发现的复杂分子，虽然我们目前的实验设备没有办法制造出具有与宇宙空间相同的温度和真空度的环境，研究人员却可以在实验台上复制出这些复杂分子来进行研究。此外，

物质、暗物质和反物质

天文学家们通过仔细研究各种不同环境和条件下的星系以及恒星,也可能(通过统计分析的方法)推测出它们的一些基本性质。但即使有些理论提出了多重宇宙的假说,宇宙学家们可以研究的对象——可观测宇宙本身是唯一的、独一无二的。多重宇宙模型设想我们所处的宇宙并不是唯一的,而可能存在数量巨大的(例如 10^{500} 个)宇宙,每一个宇宙中的物理常数都可以与我们所在的宇宙非常不同,也因此有着与我们所在的宇宙非常不同的命运。

由于只有我们所处的宇宙这一个实例①可以研究,多重宇宙假说就产生了两个难以解决的困难。一是我们需要对宇宙中所发生的随机过程进行假设。这意味着什么呢?例如,考虑星系形成时光度的可能取值范围。很容易想象,无论在何处,只要物理条件类似,那些形成星系的物理过程就会制造出一个类似但不完全相同的天体。它们将具有某些"大致相同"的基本特征,这非常类似某个特定国家的所有人口中相同年龄范围的一群人。当然,由于环境和生活条件的不同,不同国家的同样年龄范围的人群之间一定会存在差异。对星系、恒星以及行星来说也是一样的道理。因此我们需要寻找星系形成中的统计规律。在"宇宙抽牌"的游戏中,我们想尝试去估计每一种卡牌会被抽到的概率,那么我们就需要能识别一些极端的例子(例如最亮的那些星系),而不能把它们当作代表性样本②,这和篮球运动员的身高不能代表一般人的普遍身高是一个道理。而反过来,我们又要如何判断实际存在于我们宇宙中的某个天体,例如巨大而又复杂的室女座星系团,是一个普遍存在的"正常"天体还是我们这个独一无二的宇宙③演化所产生的一个特殊的天体?

---

① 如果一个过程导致某个或某组自由参数(由概率决定的自由参数)取到某个或某些实际的值,这个或这一组值就叫做这个过程的实例。用扔硬币来举个例子,假设硬币是严格对称且没有缺损的,如果对大量扔硬币的结果做一个统计,比如对每次扔出的结果求平均,会发现扔出正面和背面的次数是一半对一半。
② 代表性样本是指从全部对象(物品、人、数据等)中选出的与全体对象具有相同性质的一组对象。例如,想要预计选举的结果,就需要访问一组不同年龄、性别、居住地和社会阶层的代表性人群。
③ 同样,这里所指的是我们所处的这个唯一一个可观测宇宙,这与多重宇宙的概念并不矛盾。

7.1 从一维到三维

所以，正如我们上面所说的，只有一个可行的解决方案：利用计算机进行模拟。模拟的目标极其简单：在计算机上重演宇宙从诞生的那一刻一直到今天的整个演化，追踪其间所发生的所有物理过程。在实际操作时，由于我们并不知道宇宙真实的初始条件的细节，就需要尽可能遍取我们目前的知识所允许的各种不同的初始条件，多次重复这种数值实验，以获得尽可能多的实例。我们可以从所有这些实例中推断出宇宙的一些整体性质，并与实际的观测结果进行比较。

20世纪40年代，第一代计算机问世，天文学的模拟也在这个时期开始了。在最初的模拟计算中，研究人员用平面上而非三维空间内的几十个质点（代表恒星）来描述两个实际上包含有数十亿恒星的星系间的相互作用。科学家们发现，尽管根据万有引力定律可以非常准确地计算两体相互作用中两个物体的确切位置（例如著名的描述行星绕日轨道的开普勒定律），但是当三个（或更多的）天体参与其中时，就没有办法找到严格的解。这也是我们要使用计算机模拟手段的另一个重要原因！由于这一时期计算机容量的限制，当时的模拟仅局限于二维模拟。从二维变到三维（即真实的空间维度）除了要为每一个粒子的位置、速度以及加速度都分别再额外地引入一个新的坐标，更重要的是对于一个给定的相同质量的区域，为了描绘出与二维模拟相同程度的细节，三维模拟必须用到更大数量的粒子。著名的"摩尔定律"预言每隔18个月计算机的计算能力就将翻一番（至少近几年的情况的确符合这一定律），这意味着如果让几台计算机进行并行运算，现在我们已有能力对三维空间内数十亿个粒子的引力相互作用进行模拟。这正是"千禧模拟"（Millennium）、"视界模拟"（Horizon）和"地中海文明"（Mare Nostrum）这些项目正在做的事情。

现在就让我们具体看看模拟计算是怎么进行的。

物质、暗物质和反物质

7.2 驯服暗物质

正如我们已经知道的,暗物质构成了我们宇宙的绝大部分质量。在宇宙尺度上,引力是唯一一种能影响暗物质的相互作用力,也是指挥宇宙中的物质舞蹈的幕后推手。因此我们的模拟中必须首先描述宇宙中暗物质的分布和结构,可以把它们看成是宇宙的物态背景,在此基础之上才有可能进一步描绘星系演化、恒星形成等过程。让我们首先考虑这样一个简单的情况:牛顿和爱因斯坦已经给出了万有引力定律的准确表达式,假设没有引力之外的其他类型的相互作用,并且一般来说我们可以忽略重子物质对暗物质的影响。

不过,引力相互作用不存在任何屏蔽效应,这点与电磁相互作用不同。尽管电磁相互作用与引力一样力程为无穷远,但是像等离子体这样的介质就会对电磁相互作用产生屏蔽效应。实际上,等离子体中的带正电的离子和带负电的电子具有一种特殊的分布方式,使得当大于一定尺度时等离子体可以被看做是局部电中性的,不需要去考虑外部的电子对这一局部电中性的区域中每个小的带电部分的电磁相互作用。而引力相互作用并没有与电磁相互作用相对应的屏蔽现象,因此需要计算每个粒子与其他所有粒子间的引力,不管它们之间的距离远近。此外,一个距离遥远但是质量很大的结构的引力势的影响很可能会超过附近的一个单独的粒子。因此,当我们要计算一个给定的粒子下一时刻的位置时,必须要计算其他所有粒子对它的引力,再应用运动学定律(该定律表明粒子的加速度正比于所受的力,我们由此可以计算出粒子的加速度,并进一步推算出粒子的运动轨迹)进行计算,对于模拟程序中引入的每一个粒子都需要做这样的处理。

由上面的描述我们可以看出一个模拟计算需要执行的运算的次数是与粒子数目的平方成正比的(对每个粒子均需要考虑它与其他所有粒子间的相互作用力)。一个基本问题是,暗物质是由某种或某几种基本粒子构成的，但目前我们对这些基本粒子的确切质量一无所知，唯一能确定的是其质量上限为 10^{-29} kg。而我们的模拟需要在数百万光年的尺度上重建超过 10^{16} 倍太阳质量的暗物质的演化过程。这意味着我们需要模拟超过 10^{80} 个粒子在 140 亿年的时间内的演化。即使是使用目前最强大的计算机，可以实现每秒万亿次基本操作，仍然需要数百万年时间的计算才可能模拟宇宙中的某一个重要的部分(甚至可能只是一个星系)！

所以我们必须再做一些近似，把一群暗物质粒子放在一起当作一个"超级粒子"来处理。在不同的模拟中这些"超级粒子"的质量也不尽相同，从早期恒星形成的模拟中假设的太阳质量的千分之几到宇宙大尺度结构模拟中相当于一个矮星系的约十亿倍太阳质量。可见这个"超级粒子"与基本粒子的概念已经相去甚远了，这就像是用石块代替沙粒来模拟一小堆沙子在沙堆中的流动，它导致的一个直接结果就是我们目前对宇宙只可能有一个粗略的了解。然而光知道这一点仍是不够的，更重要的是我们想要知道在这样的近似下，模拟结果中的哪些性质正确地描述了宇宙的实际状况，而哪些性质并不能给出任何有用的信息。例如，一个十亿倍太阳质量的"超级粒子"可以很好地代表一个质量为银河系十分之一的星系。而像麦哲伦星云这样的矮星系，或者银河系的两个卫星星系就没有办法在这样的模拟中被表示出来。

另一个问题则涉及模拟的基本参数之一，所谓的"时间步长"，即模拟中两个连续的数字宇宙实例之间的时间间隔(计算机无法描述连续现象)。我们所选用的时间间隔不能太短，因为对每个时间步长都需要进行一轮上面所提到的完整的关于引力的计算，过短的时间间隔会导致总的计算时间长得不切实际。然而，如果时间间隔取得太长，计算的近似程度就会变得很大，从而影响模拟结果的可靠性。考虑到这些限制，在大尺度结构的宇宙学模拟中一般把时间步长取为 2 000 年左右。在这样的一个时间间隔内星系在星系团内大约移动了十光年的距离，足以改变它周围引力场的分布情况。而对于研究如恒星形成或星系动力学这样较小尺度现象的模拟计算，则需要相应取一个较小的时间步长。下面，我们即将遇到一个危险的礁石(当然我们早就预知了这个麻烦)：在模拟计算中我们需要去处理非

物质、暗物质和反物质

常靠近的粒子之间的引力相互作用,哪怕是仅使用形式极其简单的引力定律,这样的计算也存在数学上的困难。众所周知,随着两粒子之间距离的减小,它们之间的引力会迅速增大,引力 F 随 $1/r^2$ 变化,即与两粒子间距离的平方成反比。因此,当我们考虑两个非常靠近的粒子时,由于粒子之间的距离非常小,它们之间的引力也就相应地非常强。这意味着粒子越是靠近,加速度也就越大(回想一下我们在学校里学到的著名的描述力与加速度之间关系的牛顿定律 $F = ma$),并且这种变化非常之迅速。

模拟的困难之处在于如何精确地追踪这种在越来越短的时间间隔内发生的巨大的变化,而计算机从根本上来说又只能对分立的有限个时刻进行计算。因此,在实际的模拟计算中绝对有必要采用与加速度大小相适应的时间间隔,当遇到短距离相互作用的情形时就应该相应地缩短时间间隔。但这又是个让人有点头疼的解决方案,因为这样做会大大延长模拟的运算时间,而我们又绝不能够让计算时间长得跟宇宙年龄一样。另一种可能的解决方案是对这些特殊情况再做一些(可控的!)近似:实际上,如果有两个粒子彼此非常靠近,那么其他粒子对它们的影响就都是可以忽略的了。这种情形就可以近似为两体相互作用,其中两个粒子的运动轨迹也就可以精确地计算出来。因此,在模拟中如果发现某两个粒子距离很近,就可以引入这种方法单独对这两个粒子进行计算。

好了,牢记所有这些需注意的事项,我们就可以开始进行模拟计算了。第一个大型的宇宙学模拟是由德国的一个团队在德国加兴(Garching)的马克斯·普朗克研究所(Max Planck Institute)开展的被称为"千禧模拟"的一个计算机模拟项目,该项目还有来自英国、加拿大、日本以及美国的合作者参与。这个模拟计算在三维空间内引入了 100 亿个超级粒子,为此一台有 512 个处理器的计算机运行了一个月的时间,相当于总的计算时间为 42 年。(处理器是计算机内执行程序指令的"智能"部分。一台计算机上的处理器数目越多,它能够同时执行的操作也越多。)

在模拟过程中,有一部分计算机程序(算法)要被用来识别模拟计算过程中所产生的宇宙结构,记录超级粒子的"集群"。包含 20 个超级粒子的集群可以被认为是一个最小的星系,对应一个实际上不超过银河系 10 倍大小的星系。而一个星系团则可能包含超过 10 000 个超级粒子。模拟的初始条件,即宇宙流体的各种物理参数(如密度和温度)的初始值的选择需要能够反映已观测到的宇宙微波背景辐射温度分布中的小扰动。宇宙微波背景辐射温度分布中的波动反映了初始条件中暗物质密度分布中的波动,而我们的模拟正是要追踪暗物质的密度分布随时间的演化。

剩下的就是选定一个模拟开始的时刻,然后按下回车键。

7.3 半解析方法的必要性

数值模拟可以让我们了解在不同的物理假设(情形)下初始的密度扰动将如何随着时间演化,这也正是我们想要研究的问题。当然,最终的要求是数值模拟的结果应该能够正确地反映通过望远镜所获得的不同红移处、不同波段的观测数据。

计算机模拟是一项复杂的任务,当然不会像乍一想象的那么容易。开始的时候(即在最早的一代恒星诞生之前),追踪在引力作用下暗物质和重子物质的演化似乎还是比较容易的,但是在恒星和星系开始形成之后,事情就变得越来越复杂了。一旦有一个星系形成,由于它的密度比星系际气体要大得多,就会引起周围引力场的变化。尽管重子物质只占到宇宙总质量的五分之一,它的作用也并非总是可以忽略不计的。更重要的是,恒星所发出的光会改变其周围以及更远处气体的电离状态(即或多或少地使轨道电子从原子核周围脱离出来)。除此之外,类星体虽然数目少但其辐射却很强,对星系际介质也会产生非常重大的影响。最后还有一点,恒星死亡时的爆发会释放出在恒星核心区域合成的重元素,这些重元素会以很快的速度扩散到星系际介质中。然而,上述这些过程(例如,恒星形成过程)所发生的空间尺度有可能比我们引入的超级粒子所代表的空间尺度更小,或者涉及多种天体源,而每一种天体源的贡献又没有办法做单独的估计。因此必须对上述这些过程做个大体上的估算,例如类星体辐射的通量,它

物质、暗物质和反物质

是计算星系际介质的电离度时必须要考虑的一个因素。无论如何,想要精确地模拟所有这些复杂的过程是不可能的,甚至列举出所有影响宇宙演化的过程本身都不可能做到。

为了克服上述困难以及无法考虑到所有过程的无奈,我们要基于对这些过程的观测数据,求助于"SAM"(半解析方法)。例如,观测发现不同星系内恒星的质量分布都有着大致相同的规律,并且依赖于星系内的恒星形成率,我们就可以寻找一些定律来"近似地"描述它们。这样在进行模拟计算时,当所采用的算法判断有星系尺度大小的结构从宇宙膨胀中退耦并且具有足够大的密度使得恒星可以在其中形成时,它就会调用预先设定的公式,推算出有多少比例的重子物质将会形成恒星,以及总的辐射光度是多少。这种方式确实是可以节省大量的计算时间,而通过与一些特定的观测结果进行比较,也证实了这种近似方法的可行性。如果需要,还可以根据具体所研究的过程采用相应的模型,使得模拟计算更有效地进行。

7.4　Fiat lux[①]

不过,数值模拟宇宙学家们仍有很多工作要做,尤其是如果他们的目标是寻找失踪的重子物质,而所有的证据又似乎都表明它们可能隐藏在星系际介质中。实际上,星系际介质气体并不完全是宇宙原初气体,其中可以检测到被重元素(主要是碳和氧)污染的痕迹。这些只可能是在恒星核心区域形成的重元素又是通过什么方式跑到了距离星系几亿光年之外的星系际介质云里的呢?唯一可能的假设是它们来自超新星爆发,这个代表了大质量恒星生命结束的剧烈爆发:根据对宿主星系内超新星周围的气体所做的数值模拟,爆发时超新星可以以极高的速度将物质喷射出去。这个过程中富含重元素的气体可以逃离星系的引力场,跑出相当远的距离,进

---

① 拉丁语,意思是"要有光"。

入星系际介质中。同样,这样的模拟计算也不容易:很显然我们不可能在针对整体宇宙的计算中模拟每一个超新星的行为。另一方面,针对超新星本身的详细模拟(这个模拟本身所需的计算量与对整体宇宙的模拟相当,原因是超新星爆发所涉及的物理过程非常复杂)使得我们能够在可接受的精度范围内计算出超新星爆发所释放的总能量、喷射出的物质的质量和组成,抑或总光度。进一步的针对星系尺度的模拟计算则可以推算出这样的爆发会把多少物质推出星系、污染星系际介质。所得到的数值将被集成到宇宙学的模拟中,当然在程序中我们还需要编写代码计算模拟中的每个星系中超新星爆发的概率。

这样我们就可以结合气体密度(由引力相互作用决定)以及类星体和超新星爆发的光度两方面的信息来给出星系际介质气体的一个完整图像(密度、化学组分和温度)(图 7.1)。任务达成! 现在还需要做的就是用一

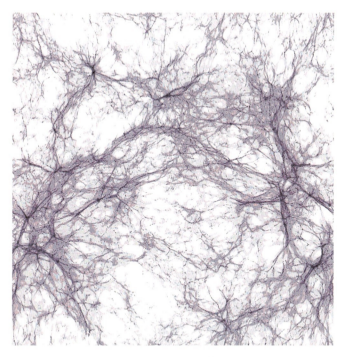

图 7.1　重子物质分布的计算机模拟结果

图中显示的是宇宙中一个边长 1.5 亿光年的立方区域。其中的纤维状结构表示的是红移 $z = 2.5$ 处热气体的分布情况。这样的模拟计算需要由有 2 048 个处理器的计算机来进行。(视界模拟(Project Horizon))

条假想的望远镜视线穿过计算机模拟出的这部分宇宙,确定视线所穿过的每一片气体云并提取出它们的物理参数,从而计算出在任意可能的红移处的类星体光谱上所应探测到的吸收线。通过这种虚拟的测量,我们可以模拟真实的对类星体的观测,来验证模拟计算的结果是否能正确地再现出莱曼-α森林的特征。

最新的一些模拟计算的结果非常到位地再现了上面提到的这些观测结果以及星系分布的整体性质,无论是空间分布方面还是光度方面。当然模拟中仍有一些难题没有解决,尤其是对于那些最暗的星系(这点并不足为奇,因为这种星系已经接近我们模拟计算的"分辨率"的下限)或者高红移的星系。高红移的(宇宙早期的)星系如今都已经通过合并形成了那些最庞大的现代星系,而观测中发现的高红移星系的数目似乎比模拟计算的结果所预言的数目要多。但无论如何,我们可以在计算机上正确地重现宇宙演化的历史这一点现在已经是一个被广泛接受的事实。

7.5 用计算机模拟宇宙

我们的宇宙以及其中所有的天体都是三维的,因此我们先验地认为对它们进行模拟计算也需要将三个空间维度都考虑在内。但有一些问题不一定需要做如此完整的模拟。例如,模拟恒星内部时,假设它是球对称的,那么在一阶近似时就可以只在一个维度内进行计算。当然,科学家们很快就发现,旋转的恒星在不同方向上可能表现出不同的行为。例如存在对流元时(巨大的物质流在内部和表面之间循环流动,传递热量,就像水在炖锅中被烧开,有过多的热量需要被疏散出去时发生的翻滚现象),若想要对其进行细致的研究,就需要进行二维甚至三维的模拟。

研究宇宙中物质的结构增长也是如此。如果我们首先假设给定的结构是球对称的,进行一维的模拟就足以研究它的演化,例如可以确定这个结构从宇宙膨胀中退耦的时间。事实上,一个宇宙结构在它开始生长的最初阶段，其密度持续增长的同时也要随着宇宙一起膨胀；所吸引积累的物质要能够弥补宇宙膨胀的稀释作用是这些结构能够形成并生长的必要条件。但是当一个结构中的物质达到一定质量时，它就能够在自身的引力作用下克服宇宙膨胀，开始向内塌缩，这就形成了一个"自引力"系统。

星系或者星系团都是这样的例子，它们是由自身引力束缚的系统，内部结构不再受宇宙膨胀的影响。相反地，宇宙纤维和宇宙巨洞是宇宙中平均密度最小的区域，它们会随宇宙膨胀同步演化。知道作为星系前身的暗物质晕是在什么时期从宇宙膨胀中退耦并开始聚集的，对于我们认识恒星形成乃至重子物质演化的历史是至关重要的。

随着相互间距离的减小，粒子之间的引力以及加速度都会增大。我们知道，加速度是粒子速度对时间的导数，而速度本身又是位置对时间的导数。在模拟计算中我们处理的是相同间隔的一系列时刻，只有在这一系列间断的时刻点上粒子的位置才是可知的。让我们假设这样一个模拟计算情形，一个粒子的加速度恒为 100 米/秒^2（即每过 1 秒速度增加 100 米/秒），初速度为零，模拟的时间间隔取为 1 秒。那么，1 秒后，粒子速度为 100 米/秒，但该粒子并没有移动（粒子初速度为零）。2 秒后，粒子移动了 100 米，速度为 200 米/秒。3 秒后，粒子共移动了 300（= 100 + 200）米，速度为 300 米/秒。而 4 秒后，粒子速度为 400 米/秒，总共移动了 600 米。如果我们现在改用 2 秒的时间步长，那么第一步运算后（2 秒后）粒子还未移动，而速度为 200 米/秒。第二步后（即 4 秒后），粒子移动了 400 米，速度为 400 米/秒。我们可以看到，在这个力为恒力的简单例子里，尽管两次计算给出的速度的结果都是正确的，但总的位移却相差了 33%。可见，若要求对位置的计算达到一定的精度，加速度越大，时间步长就必须相应地取得越小。如果要处理加速度快速变化的情形，就会需要相应地不断修改时间步长。然而，如果我们要提高时间的"分辨率"以及对位置和速度计算的精确度，就必然会大幅降低运算速度，延长运算的时间。

任何有关演化的计算都需要选定一个起始点作为"初始条件"。回想一下物理课上的一个经典实验：将大理石小球从一个倾斜平面上滚下来。要计算小球的运动，必须要知道大理石小球的初始位置和速度以及斜面的

物质、暗物质和反物质

倾斜角。对于宇宙学模拟来说,我们也需要指定一个起始时间点(即红移 z),并且给出宇宙的一些物理参数(密度等)在这一时刻的取值。复合时期($z = 1\,000$)是个不错的选择,因为宇宙学家们对这一时期宇宙的各个物理参数了解得最为清楚。实际上,一直到最早的一批恒星开始发光,始终是引力对那些最终会增长成星系的密度波动的演化行为起着支配作用。这对宇宙学家来说真是太棒了,只要这些宇宙结构仍然保持稀薄的状态,就可以针对它们进行解析计算,即找出它们的密度随时间变化的严格解。一旦这些结构的密度变得过大,就不再可能进行解析计算了,而我们进行计算机模拟的目的就是要研究这一阶段的演化。因此我们完全可以像"千禧模拟"项目那样,选择红移 $z \sim 100$ 作为模拟计算的起始点。

还有一个是技术问题,涉及对这些数值模拟的管理。除了对计算机内存容量的要求($1\,\text{To}$(Teraoctet,10^{12} 字节)快速存储器。$1\,\text{To} = 1\,000\,\text{Go}$,相当于 500 台 PC 的快速存储器容量),数据的存储也是个问题。对于每一个时间步长、每一个粒子,都相应有一定数量的信息(位置、速度等)需要记录,但我们要处理的是数十亿个这样的粒子,假设需要计算 10 000 个时间间隔,那么总的数据量就是"天文数字"了。因此进行模拟计算的科学家们就难免面临这样的两难境地:要存储辛苦获得的全部数据太困难了。那么应该保存其中的哪些数据呢?这些消耗了科学家们大量时间和金钱才获得的计算结果中的哪些又应该被抛弃掉呢?"千禧模拟"这个项目(图 7.2)只最终保留了 64 轮的运算结果,这就已经占用了 20 To 的磁盘空间(大约相当于 100 台 PC 的硬盘容量)。

模拟计算结束之后,为了能将模拟所得到的结果与实际的观测数据进行比较,还需要额外的一些步骤,即"模拟观测"。因为无论多么精确的观测都是对实际的一种扭曲,这是由探测器或其他仪器的缺陷以及(在分辨率、波长、灵敏度等方面)物理条件的限制造成的。因此利用模拟计算所提供的数据进行"模拟观测"时必须把这些缺陷重建出来并且考虑在内。要做到这一点,我们或者需要精确地校准仪器,或者(采用另一种完全相反的方案!)模拟这些仪器的缺陷。然后剩下的工作就是分析从我们的虚拟仪器中产生的数据,并把它们与实际的宇宙学观测所获得的数据进行对比,

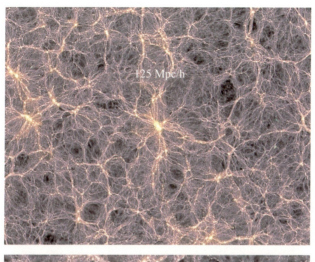

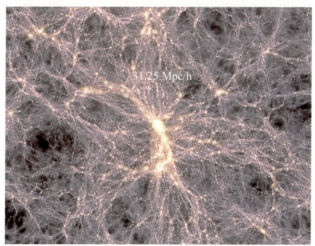

图 7.2 "千禧模拟"的结果中截取的两张图片

"千禧模拟"项目中引入了超过 100 亿个粒子来追踪宇宙中一个边长 20 亿光年的立方体内物质分布的演化过程。位于德国加兴的马克斯·普朗克研究所超算中心(Max Planck Institut's Supercomputing Center)的主超级计算机不间断地运行了超过一个月的时间来进行这个模拟计算。利用先进的建模技术来处理两千五百万兆字节的海量输出数据,室女座联盟的科学家已经能够重现这个巨大的立方体内 2 000 万个左右的星系以及它们的中心黑洞(其中一些可能是类星体)的演化历史。把这些模拟所得到的数据与大尺度巡天的观测结果进行比较,我们就可能弄清星系和黑洞形成背后真实的物理过程。这里显示的是模拟计算给出的在红移 $z = 0$($t = 136$ 亿年)(上图)以及红移 $z = 1.4$($t = 47$ 亿年)(下图)时的 15 Mpc/h 厚切片的密度场的二维投影图。

来验证模拟结果的可靠程度。这是使用模拟计算的结果来预言新的效应或用于指导未来的观测之前必不可少的一个程序。然而，我们应该注意到，这种验证并不是充分的：不能因为我们所能进行的所有观测都与模拟的结果相一致，就认为模拟的结果能正确地反映宇宙中的一切事物。这最多只能表明该模拟计算大体上是正确的。而如果发现任何不一致之处都可能进一步加深我们对宇宙的认识。

7.6 重子物质：终于被找到了

如果我们相信模拟计算的确能够再现重子物质的演化过程，我们就可以利用这种方法来找出那失踪的大约50%的重子物质藏到哪里去了。

计算机模拟的结果发现宇宙中有一部分气体的状态介于莱曼-α森林（对应温度为10 000度的气体，它们是被来自类星体的强烈紫外线辐射加热的）和星系团气体（被囚禁在星系团的引力势阱中，由于气体原子间的相互碰撞而被加热到超过一百万度）之间。这种气体可以存在于例如比星系团质量要小的星系群中，又或者存在于星系团中较辐射X射线的中心区域要冷的外围区域。

为什么这一部分重子物质没有像其他重子物质一样被我们探测到呢？这是因为这种气体的温度大约为100 000度，其中几乎所有的氢都是电离的。因此，它不会产生只有（中性）原子才能产生的莱曼-α吸收线。另一方面，它的温度又不够高，没有办法发出可观测的X射线辐射。除此之外，即使这种气体中含有微量氢、氦之外的其他元素，在这样的高温状态下这些元素也是高度电离的，完全没有核外电子环绕，也就不可能由于轨道电子能级跃迁而产生相应频率的光子辐射。唯一可能的辐射是原子核的能级跃迁辐射出光子，但是这些光子的频率又恰处于一个很难被探测到的X射线波段。这种气体的其他所有可能产生的发射线/吸收线也都是在同样的X射线波段。这种"软"X射线波段的辐射没有办法用可见光或者紫外波段的仪器探测到，这两个波段的探测技术并不适用于软 X 射线波段。这就是这些气体始终没有被地球上的观察者"看见"的原因。由于直到最近科学家们才基本确定已发现的重子物质在宇宙总重子物质中所占的比重大约只有 50%，而上述这种气体的总量非常不确定，因此之前科学家们并未制造专门针对软 X 射线的仪器设备来探测这种气体。当然，正如这本书前面的章节所介绍过的，越来越多的结果证实了的确存在失踪的重子物质，上述这种性质仍不明的气体自然再次激起了科学家们的研究兴趣，在下一章我们还将继续讨论科学家们在这方面所做的探索。

目前，像美国国家航空航天局的钱德拉 X 射线望远镜以及欧洲空间局的 X 射线多镜面牛顿望远镜这样的观测设备都具有一定的探测软 X 射线的能力，能对这种高度电离气体的辐射所在的波段进行探测。它们也具有足够高的灵敏度，可以探测到比星系团中心的气体更冷更稀薄的气体所发出的辐射。例如，X 射线多镜面牛顿望远镜就已经成功探测到了一个具有模拟结果所预言的特征的连接着两个星系的巨大的纤维结构（图 7.3）。至此，数值模拟方法作为一种预测工具的能力被再一次确认。至于该种气体中的其他一些电离的元素（例如氧或氖）的吸收线，目前仍没有明确的观测结果，这主要是受当今绝大多数仪器灵敏度的限制。尽管如此，所有的已有结果都表明这些气体实际上就是我们要寻找的所有那些失踪的重子物质，我们的搜寻终于可以宣告结束了。现在，宇宙重子物质的整个账户总算平衡了。我们终于可以重建出从元素产生到今天为止整个宇宙演化的时间内，这些存在于我们周围并且构成了我们的普通重子物质的演化历史（图 7.4）。这是宇宙学模型又一个伟大的成功之处！

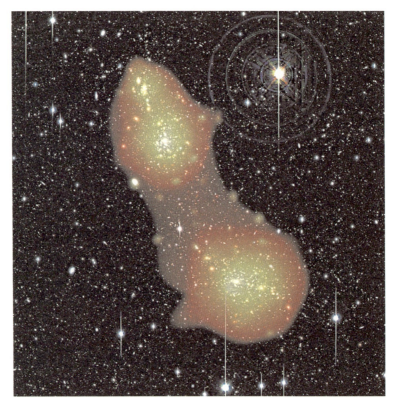

图 7.3　距离我们 23 亿光年的阿贝尔 222（Abell 222）与阿贝尔 223（Abell 223）星系团的可见光波段与 X 射线波段的合成图像

可见光波段由昴星团望远镜（Subaru Telescope）上的主焦点相机（Suprime-Cam）拍摄，X 射线波段由欧洲空间局的 X 射线多镜面牛顿望远镜拍摄。图中两个黄色区域对应的是星系团内几百万度的 X 射线热气体，这是星系团这种大质量的天体系统的典型特征之一。在所拍摄的图像中还发现了连接这两个星系团主要区域的细丝状结构（图中暗红色区域），对应的是温度较低的气体。这些气体正是我们这本书的主角——"失踪的重子物质"。（ESA/XMM-Newton/EPIC/ESO，迪特里希（J. Dietrich）/SRON，沃纳（N. Werner）/MPE，费诺基诺夫（A. Finoguenov））

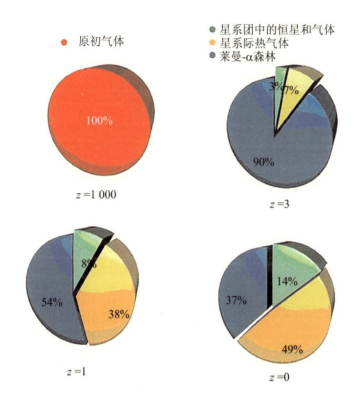

图7.4 宇宙重子物质含量随时间的演化

图中显示了由红移 $z=1000$ 到 $z=0$ 的不同历史时期宇宙重子物质含量的变化情况。在大爆炸后的第三分钟,原初核合成过程决定了宇宙中重子物质的总量。对宇宙微波背景辐射温度分布功率谱的谐振频率的研究结果显示,在红移 $z=1000$ 的时刻,由原初核合成产生的全部重子物质仍完全以氢-氦气体的形式几乎均匀地分布于宇宙空间中。直到红移 $z=3$ 时,我们仍然可以在宇宙空间中找到全部这些重子物质,但在红移 $z=0$ 的时刻(当今宇宙)情况就不是这样了。利用专门的设备配合计算机模拟的手段,我们才终于揭开了隐藏的重子物质的秘密。并且,对于任意给定的宇宙时期,例如对应宇宙年龄大约为现在的一半时的红移 $z=1$ 的时刻,也都可以给出当时宇宙中重子物质的含量。

物质、暗物质和反物质

第8章
不间断的探索

> 探索总是由新手的运气开始,由权威的检验结束。
>
> ——保罗·柯艾略(Paulo Coelho)

科学的发展往往是与重大的技术进步相伴随的,并且这种趋势在近代愈来愈明显。在这整本书的叙述中我们都可以看到两者之间的关联:在前一章中我们就介绍了计算机科学那些令人眼花缭乱的技术进步对宇宙学研究的重要推动作用;而本书的最后一章我们还将回顾其他技术的进展以及一些正在进行中的极有前景的项目。

8.1 可见光波段的天空:从裸眼到CCD

古希腊天文学家喜帕恰斯可以算作是定量天文学之父:他不仅亲自编撰了包含大约850颗裸眼可见的恒星的星表,还引入了视星等[①]的概念,把恒星按照它们的视光度进行分类。之后直到17世纪才出现了第一台天文仪器(望远镜),取代了人眼作为探测工具,一下子增大了可观测宇宙的范围。

---

① 喜帕恰斯把天空中最亮的恒星的星等记为1等,稍暗一点的记作2等,以此类推,天空中肉眼可见的最暗的恒星的视星等为6等。

天文仪器的一个固有的缺点是它们通常只能对一个非常有限的天空区域进行观测,即它们的视场(通过仪器所能观测的有效天空区域)很小。例如,哈勃空间望远镜能够观测目前已经探测到的最遥远的星系,但它的视场大小只有约等于九分之一个满月的角直径,相当于伸直手臂举着一个大头针所看到的针头的大小(图 8.1)。

图 8.1 视场范围

哈勃空间望远镜上的先进巡天相机(ACS)以及大视场和行星相机(WFPC)的视场范围分别为 3.4 角分和 2.7 角分,大约是满月角直径的九分之一。(NASA/STScI)

在夏季,银河横跨整个天空。在历史上的很长一段时间内,它都是天空中唯一一个天文学家能对其中的单个恒星进行观测和研究的区域,而且银河也实在是太大了,绝大多数望远镜都无法同时对整个银河进行观测。施密特(Schmidt)望远镜的发明部分解决了这个问题,第一台施密特望远镜在 1930 年被制造出来,它的视场为几平方度(全天的视场约为 40 000 平方度)。这种大视场望远镜很适合用于对大量的天体(恒星和星系)或者对移动的天体(彗星、小行星、人造卫星)进行观测。这类望远镜中最著名的是美国帕洛玛山天文台(Mount Palomar Observatory)的 48 英寸(1.22

米)口径施密特望远镜(即塞缪尔·奥斯钦望远镜(Samuel Oschin Telescope))(图8.2),它每次都能够对大约千分之一的天空区域进行拍摄。该望远镜最早是在20世纪50年代被用于帕洛玛天文台巡天项目(Palomar Observatory Sky Survey,POSS),观测北半球的天空,绘制星图和星表。这个星表在很长一段时间内都是河外天体物理研究人员的一个基础手册。另一个类似的望远镜位于法国南部的卡朗高原(Plateau de Calem),一直被用于寻找小行星,已经有很长一段时间了。现今这些望远镜都配备了能够同时测量数百颗恒星光谱的摄谱仪,例如澳大利亚天文台(Australian Astronomical Observatory)的2度视场系统(Two Degree Field System,2dF)①,或者采用非常大的CCD阵列来取代照相底片。

多数现代人都使用他们的百万像素②的可拍照手机来随手拍照,因此对使用乳液显影的胶片时代的摄影方式没有什么概念。曾有大约150年的时间,摄影底片是天文学家记录和记载所观测到的宇宙图像的唯一方法。那时做个专业摄影师或者天文学家都不轻松:他们不得不发明更加灵敏的感光乳胶剂以便能拍摄到更暗的天体以及可见光(从紫到红)的不同波段,并且要将其应用到安装在施密特望远镜焦面处的面积很大的(略微)弯曲的摄影底板上。而后,一旦曝光完成,天文学家还得小心地取出这张大约30 cm²的玻璃底板,送去显影。这些高质量的摄影底片上所包含的信息量肯定是相当大的,但要从中提取出这些信息,并得出科学的结论,还有很多的工作要做。

底片上的乳胶剂接收到光就会变暗,估定底片变暗的程度可以定出望远镜由某个天体源处接收到的总能量,为了达到这个目的,需要将所拍摄

---

① 2度视场系统(2dF)是世界上最复杂的天文仪器之一。它被设计成能够在天空中2度视场范围内同时采集最多392个天体的光谱。这个系统由一个大视场改正器、一个大气色散补偿器以及一个可以在0.3角秒误差范围内安放光纤的机械手构成。光纤被连接到放置在望远镜中一个温度恒定的折轴室内的双梁水平台的光谱仪上。一个装有两个场底片的可翻转的结构可以允许天文学家在当前观测进行的过程中就对下一个要观测的区域进行设置。

② 数码图片是由一个个像素构成的。像素(pixel)是图像(picture,缩写为 pix)元素(element,缩写为 el)的缩写。每个像素都对应一组数字来描述该点的颜色或者光强。每个像素点所能表示出的不同的颜色的总数目叫作这个像素点的比特数或者色深度。一般来说,一张图片所包含的像素点越多,图像就越清晰,越能够显示图片中的细节。"兆像素"是一百万像素的简称。现代的数码相机一般都配备有16~21兆像素的传感器。

图 8.2　美国帕洛玛山天文台的 48 英寸口径施密特望远镜

它最早是在 20 世纪 50 年代被用于帕洛玛天文台巡天项目,观测北半球的天空,绘制星图和星表。(帕洛玛天文台)

到的图像数字化以便标定出图片中所有天体源的亮度。数字化是将模拟数据转化为数字数据的过程。在数码摄影中,图像被直接获取/编码在一个个像素点上,每一个像素点都是一个单独的接收器。而老式的摄影照片则需要通过专门的机器设备将其数字化,即将图像转化成像素网格上的一组数字。每一个像素点上的数值代表了该点所接收到的信号的强度。当然,它们之间的转换并不是直接的,还额外需要一个校准的过程。数字化是一个尤其精细和复杂的操作,有必要为此建造专门的机器设备,例如英国的底片自动测量仪(Automated Plate Machine, APM)以及法国的自动测量仪(Machine à Mesurer Automatique, MAMA)(二者现在都已经停止使用了),将巡天观测的结果进行数字化。在当时,信息技术远没有现在这么先进(回想一下摩尔定律,计算机的计算能力每 18 个月就翻一番),更增加了这项工作的难度。尽管有诸多困难,科学家们还是取得了不少有用的成果，例如 APM 小组所编制的包含数百万星系的星图星表（图 8.3）。

图 8.3　底片自动测量星系巡天

底片自动测量星系巡天项目（Automated Plate Measurement（APM）Galaxy Survey）是 20 世纪 80 年代末至 90 年代初所开展的两个巡天项目之一（另一个项目是爱丁堡-达勒姆南天星系星表巡天项目（Edinburgh-Durham Southern Galaxy Catalogue））。为了能够编制出天空中一大片区域内的星系星表，这两个星系巡天项目将数百张巡天观测的底片进行了数字化处理。图中所示的这些巡天照片是位于澳大利亚的英国施密特望远镜（UK Schmidt Telescope）所拍摄的。这些照片被均匀地排列在一个间隔 5 度的网格上，每一张照片都覆盖了 6 度×6 度的天空区域。相邻的两张照片之间有 1 度的重合区域。这种做法在校准每一张照片在整个巡天图像中的位置时被证明是非常重要的。在英国的剑桥大学，望远镜所拍摄的每一张巡天底片都被送入底片自动测量仪（一个高速激光测微密度计）中进行扫描。扫描过程中可以实时检测出底片上所拍摄到的天体源，并同时记录下它们的位置、积分亮度、大小和形状。其中星系和恒星是通过它们的形状来进行区分的：星系看起来是一个模糊的扩展源，而恒星发光的区域要更集中一些。（APM 星系巡天项目）

　　尽管在施密特望远镜上使用大规格的摄影底片在一定程度上解决了视场受限的问题，但随后的图像分析过程仍是困难重重：例如底片对所吸收的辐射的非线性响应问题，由于亮星导致的乳胶剂的饱和问题，这些都仍然是亟待解决的障碍。20 世纪 60 年代末出现的电荷耦合器件（CCD）引发了天文观测的一场革命。这种由网格状排列的像素点构成的电子器件为天文学家们免去了后续的数字化过程。当有光子打到探测器时，会使（硅基）材料中的电子从原子中脱离出来，这些电子会被正电极捕获。之后所要做的就只是逐个单元清空所累积的电子并读取每个单元的电流强度

（电子跑出时产生的电流大小正比于所累积的电子的数目）。所测得的电流强度的值会被转化成一个数字存储在计算机上。总的读取时间是分钟的量级，完成之后观测人员就获得了包含图像信息的一个计算机文件。早期拍摄底片的一些麻烦，比如规格限制（例如最高 50 000 像素）和可探测波长受限等问题现在都已经被 CCD 完全克服了。

今天，CCD 不仅被广泛地应用在手机、PDA、摄像头、光学扫描仪等电子设备上，一些著名的天文望远镜里也用到了 CCD，例如位于夏威夷的 3.6 米口径的 CFH 望远镜（Canada-France-Hawaii Telescope，CFHT）上

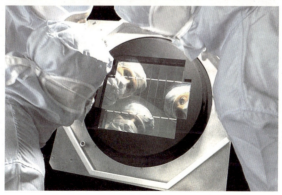

图 8.4　3.6 米 CFH 望远镜和 MageCam 大视场相机

（上图）位于夏威夷的 3.6 米口径的 CFH 望远镜，图片以夜晚的星轨作为背景。（让-查尔斯·屈扬德尔（Jean-Charles Cuillandre），CFHT）（下图）该望远镜上安装的名为 MageCam 的大视场相机，每次拍摄它能够覆盖大约 1 平方度的天空区域，是目前世界上视场最大的相机之一。该相机的成像器由 36 片可以在可见光以及近红外波段工作的 CCD（每个 CCD 的像素均为 2 048×4 612）拼接而成。（巴黎超新星宇宙学研究小组（Paris Supernova Cosmology Group））

安装的 MegaCam 相机，其中就包含有一个由 36 片可以在可见光以及近红外波段工作的 CCD（每个 CCD 的像素均为 2 048×4 612）拼接而成的成像器。同样位于夏威夷的 8.2 米口径的昴星团望远镜（Subaru Telescope）上也安装有类似的装置。有项目正在建造更大的相机供地面和空间望远镜使用。例如大口径全天巡视望远镜（Large Synoptic Survey Telescope，LSST），它是一个 8.4 米口径的地面望远镜，望远镜的焦面处将安装一个由若干 1 600 万像素的 CCD 拼接而成的总像素为 30 亿的相机（图 8.5）。而对于太空中的望远镜，尤其是那些以探测宇宙学常数为目标的望远镜，可预见在未来十年内将能够达到 5 亿像素。当然还有一些（异常）巨大的 CCD 探测器也正在设计和建造中。

图 8.5　8.4 米大口径全天巡视望远镜

LSST 将采用一种特殊的三镜面设计，能够得到极宽的视场范围。该望远镜完成全天的巡天观测将只需要三个晚上。（LSST 团队）

8.2 太空探险

在第 3 章中,我们讨论了航天技术的进步与随之而来的出乎意料的天文学重大进展之间的密切联系。其中一个著名的例子就是 1967 年由一颗间谍卫星发现的伽马射线暴——宇宙中最明亮但只发出伽马射线波段辐射的一类天体。除此之外,还有更多的先进技术已经或在未来将可能被应用于天文观测,使得地面上的天文台能最大限度地发挥作用。今后我们可能就不再需要忍受大气的抖动、天气的变幻莫测以及满月的强光。

致力于对恒星的位置进行精确测量的喜帕恰斯项目(参见第 1 章中对此项目的详细介绍)就是欧洲空间局顺应此趋势所推动的一个天体测量项目。喜帕恰斯卫星的测量结果在天体物理以及宇宙学的许多领域都发挥了重要的作用,其中之一就是让我们更好地了解了银河系的形状以及恒星的演化过程。一些新的天体测距的结果为我们提供了更多关于造父变星(光度与光变周期直接关联的一类变星)的信息,并且指出它们可以被用作"标准烛光"或宇宙标尺[①]。唯一有一点麻烦的是造父变星可以分为质量、年龄和演化历史明显不同的几个子类。不同子类的造父变星有着不同的周光关系。在 20 世纪中早期,曾由于无法区分不同子类的造父变星,造成了天文学测距上的一些重大的问题。因此,要想利用造父变星作为"标准烛光"来行进测距,必须先确定它所属的子类别。

这一新技术大大提高了天文测距的精度,也导致科学家们对哈勃常数进行了修正,并且重新对宇宙年龄进行了估计。在喜帕恰斯卫星成功地完成了它的观测任务之后,欧洲空间局又推动了后继的盖亚项目。盖亚卫星已于 2013 年 12 月 19 日发射升空(图 8.6),它的目标是对银河系内大约十

[①] 由造父变星的光变曲线可以确定它的平均视星等以及光变周期(以天为单位)。知道了造父变星的光变周期,就可以由相应的周光关系推算出它的平均绝对星等。一旦视星等和绝对星等都已知,则可以很容易计算出这颗造父变星的距离。

亿颗恒星的位置进行精确测量(到微角秒的精度),并且通过测量恒星光谱推知它们的运动速度,建立一个三维的银河系星图。盖亚所获得的这些非凡的观测数据必将加深我们对银河系组成、形成以及演化的认识。(参见第1章中对盖亚项目更为详细的介绍。)

图 8.6　盖亚卫星的示意图

图片以银河系为背景。盖亚卫星将对银河系内大约十亿颗恒星进行普查,在其五年的运行时间内,将对每一个目标恒星进行大约 70 次观测,精确地记录它们的位置、距离、运动轨迹以及光变的信息。(ESA 媒体工作室(Medialab))

19 世纪末,德国物理学家威廉·伦琴发现了 X 射线,但有很长一段时间 X 射线辐射都没有进入天文学家们的视线,原因是地球的大气层吸收过滤掉了几乎所有来自宇宙空间的这一波段的辐射。为了克服这个难题,我们必须进入太空中进行观测,这个设想在二战之后成为了可能。最早科学家们利用火箭(飞行时间最多只有几分钟)或气球(虽然可以在空中停留更长时间,却无法达到与火箭相同的海拔高度)携带科学仪器进行观测,但它们对 X 射线波段辐射的观测效率都很低。只有卫星才有能力对来自宇宙空间的 X 射线辐射进行持续并有效的天文学观测。

太阳是本行星系的母星,是地球的主要能量来源,如果失去了太阳,地球上的一切生命都将不复存在。太阳不仅发出每天早上唤醒我们的可见光辐射（即我们通常所称的阳光），还有在晴日里让我们的皮肤感觉到温暖的红外辐射，以及会让我们在海滩或者山区度假时被晒黑的紫外辐射。对天文学家而言，太阳是一颗典型的"普通"恒星，它死亡后将形成一颗白矮星。1949 年，搭载在 V2 火箭上升空的探测器回收后所获得的观测数据给出了一个惊人的发现：太阳也同样会发出 X 射线辐射。轨道太阳观测站（Orbiting Solar Observatory，OSO）系列卫星共包括九颗科学卫星，目标是研究太阳在紫外线和 X 射线波段的辐射；其中的八颗卫星在 1962 年至 1975 年之间由美国国家航空航天局成功地发射升空。近期对太阳紫外线以及 X 射线波段辐射进行研究的卫星项目包括：由欧洲空间局和美国国家航空航天局联合开展的太阳和日球层探测卫星（Solar and Heliospheric Observatory，SOHO），以及日本的阳光太阳（Yohkoh）和日出太阳（Hinode）两个由航天飞机搭载的探测卫星。

  经历了很长一段对探测结果不确定的时期之后，天文学家们终于确认了在太阳系之外还存在其他的 X 射线天体源，这是一个里程碑式的发现。第一个太阳系外的 X 射线源是 1962 年发现的天蝎座 X-1（Sco X-1），它的 X 射线辐射强度比它自己的可见光辐射强了 10 000 倍（接近太阳的 X 射线辐射强度的一百万倍）。并且天蝎座 X-1 X 射线波段的总能量输出比太阳所有波段电磁辐射总和的 100 000 倍还高。乌呼鲁卫星是已发射升空的第一个专门进行 X 射线天文学研究的科学卫星，运行时间从 1970 年一直到 1973 年。1972 年至 1981 年间服役的哥白尼号（Copernicus）卫星（原名 OAO-3）也进行了大量的 X 射线波段的观测。它的重大发现之一是找到了若干长周期的脉冲星[①]，它们的自转周期长达几分钟，而典型的脉冲星的自转周期一般为几秒甚至更短的时间。位于蟹状星云（Crab Nebula）中心的脉冲星可能是其中最著名的一颗（图 8.7），一般情况下它是天空中最亮的持续 X 射线源。这个蟹状星云是 1054 年观测到的一颗超新星爆发的遗迹，这是一次非常剧烈的超新星爆发，大约持续了三周时间在日光下裸眼可见。

[①] 科学家们认为脉冲星实际上是快速旋转的中子星，能够发出最高可达每秒千次的规律的无线电脉冲信号。

物质、暗物质和反物质

图 8.7　蟹状星云中心区域的多波段合成图像

在这幅蟹状星云中心区域的多波段合成图像中,红色代表射电辐射,绿色代表可见光辐射,而蓝色则代表 X 射线辐射。蟹状星云是 1054 年观测到的一颗超新星爆发的遗迹。星云正中心处的点是一颗脉冲星。它是前身恒星发生超新星爆发后的残骸塌缩形成的一颗中子星,旋转速度为每秒 30 周。注意,X 射线辐射显示出了图片中能量最高的区域——围绕脉冲星旋转的一个物质盘,而较冷的区域是由超新星爆发时所喷射出的物质构成的,所发出的辐射只在频率较低的可见光与射电波段。一个直径只有 10~20 千米的中子星是如何向整个庞大的蟹状星云提供能量的?图中所显示的一缕缕以极高的速度喷射出的热气体至少提供了一部分答案。这一缕缕喷射出的气体极可能是由于磁化的中心中子星快速旋转所产生的巨大电压所导致的。这些热的等离子体与周围气体碰撞,使得它们发出各种不同频率的电磁辐射。(海斯特(J. Hester)(ASU)/CXC/HST/NRAO/NSF/NASA)

1966 年发现的室女座星系团内的 M87 星系(室女座 A,3C 274)是第一个被确认的银河系外的 X 射线源。几乎在同一时期,科学家们还探测到了一个弥散的高能 X 射线背景,却找不到任何对应的恒星或者星系来源,这一 X 射线背景的起源在相当长的一段时间内一直是天文学家们争论的一个话题。后来,观测发现其他的星系(尤其是类星体)和星系团也都发出 X 射线辐射。星系团所发出的 X 射线辐射并非来自星系本身,而是来自其中温度极高（最高可达上亿度）的热气体。这些气体本质上是形成星系的原初气体（和暗物质）的残余。星系团中全部的暗物质、星系以及气体形成了大约 10^{14} 倍太阳质量的一个引力势阱。在自身引力的作用下，星系和残余气体获得了一定的动能并最终达到一个平衡的状态。由于星系团的质量极大，其中星系的运动速度可以达到每秒几百千米，而气体的温度则可以达到数百万度（图 8.8）。美国、欧洲和日本都发射了不同的探测卫星来研究星系团这样的系统。例如，欧洲 X 射线天文卫星（European X-ray Observatory Satellite, EXOSAT）(1983)、伦琴 X 射线天文卫星（Röntgen Satellite, ROSAT）(1990)、宇宙学和天体物理学高新卫星（Advanced Satellite for Cosmology and Astrophysics, ASCA, 原名飞鸟号 Astro-D）(1993)、贝波 X 射线天文卫星（Satellite per Astronomia X, BeppoSax）(1996)、钱德拉 X 射线望远镜（1999）、X 射线多镜面牛顿望远镜（1999）以及朱雀号人造卫星（Suzaku, 原名 Astro-E2）(2005)。图 8.9 中显示的是其中极为成功的、取得了许多重大发现的钱德拉 X 射线望远镜。

这些项目得到的重要结果之一是了解了星系团中所包含的重子物质的总量，并且发现表示宇宙中全部物质（暗物质＋普通物质）在宇宙总能量/物质中所占比重的典型参数——宇宙物质密度参数的值为 $\Omega_m \sim$ 30%。测量这个参数的一个方法是研究星系团之间的碰撞，星系团碰撞会导致其中的重子物质与暗物质分离，并可能被分别探测到。未来利用 X 射线进行宇宙学探索的各个项目目前似乎仍是前途未卜。两个大项目——美国国家航空航天局的星座 X 射线望远镜（Constellation-X）项目和欧洲的 X 射线演化宇宙光谱仪（X-ray Evolving Universe Spectrometer, XEUS）项目已经合并，并额外引入了日本的援助，以期望增加国际 X 射线天文台（International X-ray Observatory, IXO）这一项目获得资金资助的机会。尽管如此，IXO 项目还是没有出现在近期美国国家航空航天局的十年优先计划中。欧洲空间局最初的 XEUS 项目计划要达到 X 射线多镜面牛顿望远镜的观测能力的一百倍。该望远镜的一个特殊之处是它由太空中相距 50 米远的两颗卫星共同构成，镜片安装在其中一颗卫星上，而探测仪器则安装在另一颗卫星上。

物质、暗物质和反物质

图 8.8　大质量星系团 MACS J0717.5 + 3745(简称为 MACS J0717) 的多波段合成图像

图中显示有四个独立的星系团参与了这一相互碰撞过程。其中美国国家航空航天局的钱德拉 X 射线望远镜所拍摄的 X 射线图像显示了热气体的分布情况，而哈勃空间望远镜所拍摄的光学图像则显示了星系的分布情况。图中使用不同的颜色来表示气体温度的不同，其中温度最低的气体是红紫色的，最热的气体用蓝色表示，而紫色气体的温度则介于两者之间。星系团 MACS J0717 中发生的反复碰撞是由于一个长达 1 300 万光年的由连续的星系、气体以及暗物质构成的纤维结构流入另一个充满了物质的区域而导致的。两个或者更多星系团中的气体相互碰撞的结果是使得热气体的运动速度减慢。而大质量的致密的星系相对于热气体其速度减慢的程度要小，其位置相对于热气体也会更靠前。因此，各个星系团垂直视线方向的速度和运动方向可以通过研究星系团内星系的平均位置与热气体分布的中心位置的偏离来进行估计。（NASA/ESA/CXC/马(C. Ma)/艾伯林(H. Ebeling)/巴雷特(E. Barrett)（夏威夷大学(University of Hawaii)/IfA)等/STScI）

图 8.9　美国国家航空航天局钱德拉 X 射线望远镜的示意图

该望远镜在 1999 年 7 月由"哥伦比亚"号航天飞机(Space Shuttle Columbia)搭载升空并运送置于太空中。钱德拉 X 射线望远镜的设计目标是观测宇宙中的高能天体所发出的 X 射线。望远镜包括三个主要部分：X 射线望远镜，用于聚焦天体所发射的 X 射线；科学仪器，用于记录 X 射线的相关数据，以便生成 X 射线图像并进行分析；航天器，用于提供望远镜和科学仪器工作的必要环境。钱德拉望远镜的运行轨道非常不同寻常，为了能够进入这样一个轨道运行，望远镜内置了一个推进器来将它推进到远地轨道。这一椭圆轨道的远地点与地球的距离超过地月距离的三分之一，而近地点距离地球 16 000 千米。该望远镜在轨道上完整绕地一周的时间为 64 小时 18 分钟，其中 85% 的时间是运行在地球的电离层以上的。因此每绕地运行一周，钱德拉望远镜可以有最长 55 个小时的不受干扰的观测时间，其有效观测时间所占的比例要远高于那些在离地几百千米的近地轨道运行的一般卫星。(NASA 马歇尔太空飞行中心(Marshall Space Flight Center)和史密森天文台钱德拉 X 射线中心(Chandra X-ray Center of the Smithsonian Astrophysical Observatory))

8.3　绚丽的"微波"四十年

　　自从 1965 年彭齐亚斯和威尔逊偶然发现[①]了宇宙极早期极其高温时

---

① 这个故事现在已经是众所周知的了。阿诺·彭齐亚斯和罗伯特·威尔逊在新泽西州克劳福德山上利用贝尔实验室的喇叭天线进行实验时意外地探测到一些寄生"噪音"，这些"噪音"最终被证明就是宇宙背景辐射。他们也因为这一发现获得了 1978 年的诺贝尔奖。

物质、暗物质和反物质

期的化石遗迹——宇宙微波背景辐射之后，科学家们无论是在实验上抑或是理论上都做了大量的努力，试图以更高的精确度来测量和分析它。正如物理学家乔治·伽莫夫在他的一篇有历史性意义的论文中所预言的，以及之后罗伯特·迪克（Robert Dicke）和吉姆·皮伯斯（Jim Peebles）各自独立预测的那样[①]，宇宙背景光子具有极好的各向同性并且其能谱也与黑体谱符合得极好，这也就证实了这一背景辐射的宇宙学起源。

也许这些探测结果中最不寻常的方面就是在各向同性中发现了几角分的偏差（转化成温度就仅是 10^{-6} 度的扰动）：宇宙微波背景辐射所记录下的这一原初宇宙的微小扰动正是当今宇宙大尺度结构形成的种子。当时这些重大的发现甚至出现在了非科学类报纸杂志的头条，它们是科学家们数十年不懈努力的结果，在很大程度上也依赖于探测器技术的长足进步。研究发现宇宙微波背景辐射是一个温度大约为 3 K 的黑体辐射。该辐射主要集中在微波波段，它在穿过地球的大气层时会被严重地过滤，而大气本身也会发出同一个波段的辐射，因此不得不设计异常灵敏的仪器来进行相关的探测。但如果把探测器放置在极高海拔处，还是可以找到一些探测微波背景辐射的"窗口"波段。所以这类探测器都被科学家们放置在偏远的山岳和高原上（例如夏威夷和智利，又或者南极）、气球上，并最终被安装在宇宙飞船上送入太空进行探测。

不仅大气会对宇宙微波背景辐射的测量产生干扰，有很多前景天体源也会发出这一波段的辐射。而最主要的辐射源就是我们的银河系，它在微波波段的辐射在 WMAP 和 COBE 卫星所拍摄到的温度分布图上形成了一条极为明显的横带（图 8.10）。通过对若干宇宙微波背景辐射可以忽略不计的波段进行观测，天文学家们已经能够成功地将这些寄生信号消除掉。显然，要做到这点除了需要有极佳的观测数据，还需要用到一些复杂精妙的技术手段。

正如我们已经提到的，对于地面上的探测器，只有某些"窗口"波段是

[①] 迪克和皮伯斯当时正与戴维·威尔金森（David T. Wilkinson）一起进行微波探测方面的研究，他们二人曾预言了应该存在微波波段的宇宙背景辐射。在得知了彭齐亚斯和威尔逊的发现后，迪克、皮伯斯和威尔金森选择了同时发表他们各自的研究成果。

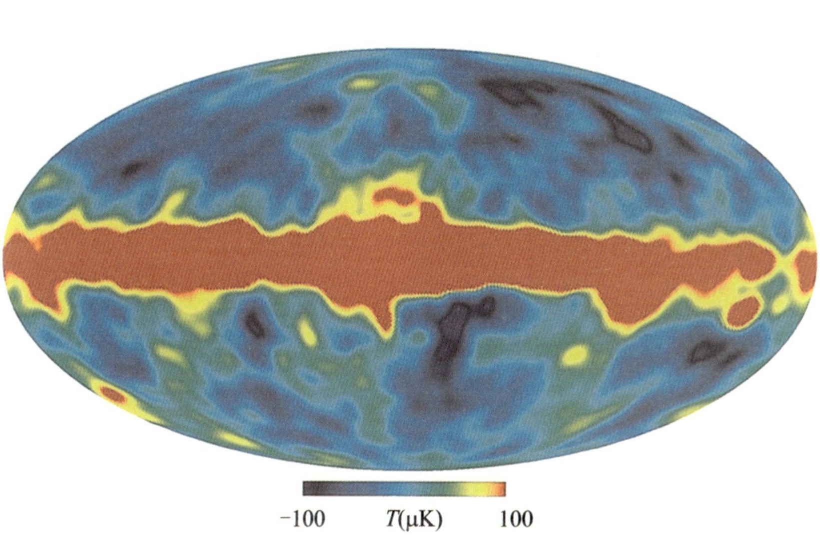

图 8.10　COBE 卫星所观测到的全天图像

尽管这只是一个低分辨率的天空图像(分辨率只有 7 度),但冷和热的区域也已经能够在图中明显地被区分出来。中间红色的宽带显示的是来自银河系本身的微波辐射。该图显示了 ±100 mK 范围内全天的温度分布情况。其使用了与 WMAP 第一年观测数据相同的数据管道进行分析处理。(NASA/WMAP 科学团队)

可用的,因此就很难消除这些寄生信号。然而在地面上进行探测的一个优势是可以建造非常庞大的毫米波天线,从而获得极好的角分辨率,这有助于获取详细的温度分布图。另一方面,在太空中进行观测不仅意味着探测器位于大气层之上,可以不受地球大气的影响,更可以进行长期持续的观测以获得完整的全天温度分布图。

1989 年美国国家航空航天局将 COBE 卫星送入太空。COBE 卫星上安装有三个专门用于研究宇宙微波背景辐射的科学仪器:远红外绝对分光光度计(Far InfraRed Absolute Spectrometer,FIRAS)用于测量宇宙微波背景辐射的能谱,较差微波辐射计(Differential Microwave Radiometer,DMR)用于寻找天空不同位置背景辐射温度的差异(即著名的温度涨落),弥散红外背景实验仪(Diffuse InfraRed Background Experiment,DIRBE)用于研究由全体遥远天体所产生的弥散的红外背景辐射。FIRAS/COBE 所得到的观测结果不容置疑地证实了宇宙微波背景辐射的确是一个温度为 2.728 K 的黑体辐射。经过两年的观测数据的累积,

物质、暗物质和反物质

DMR 首次探测到了宇宙微波背景辐射(约十万分之一)的温度涨落,这种涨落可以由原初宇宙流体中密度的扰动来解释。

由于仪器的角分辨率有限,COBE 卫星所测得的是一个相对大尺度上的温度变化,而没有办法对最细微的细节进行探测。然而这个初步的探测结果却引发了不同项目间对宇宙微波背景辐射进行更精细探测的竞争,这些更详尽的探测结果无疑将会增加我们对宇宙学模型的理解,并且帮助我们进一步界定不同的宇宙学模型。例如 BOOMERANG 气球望远镜(图 8.11)等气球实验、毫米波各向异性实验成像阵列(Millimeter Anisotropy eXperiment IMaging Array,MAXIMA)以及由美国和欧洲多个团队合作参与的祖翼鸟(ARCHEOPS),这些项目都取得了重要的进展。2009 年 5 月由欧洲空间局送入太空的普朗克卫星很可能是继美国国家航空航天局

图 8.11 美国国家航空航天局/国家科学气球设备局(NSBF)的工作人员正给一个百万立方米体积的气球充气

这只气球将携带 BOOMERANG 望远镜进行为期 10 天的环绕南极大陆的飞行。为了实现预期的极高灵敏度的观测,BOOMERANG 望远镜被提升到海拔 35 千米的高度,在 99% 的大气之上工作。南极不间断的阳光照射以及稳定的气流使得气球可以在平流层持续飞行 10 至 20 天。为了这次升空,一个国际研究小组的研究人员花了 5 年时间进行望远镜的研发和建造,还花费了 2 个月的时间在南极麦克默多研究站(McMurdo Research Station)进行装配。(NASA/NSBF)

的 WMAP 卫星之后的终极实验。WMAP 的观测数据（根据 WMAP 于 2010 年公布的七年观测数据，图 8.12）是目前已有的最为精确的测量结果，这些数据帮助科学家们确定了许多宇宙学参数的值，其中就包括宇宙重子物质密度参数 Ω_b，此外还有总能量/物质密度参数 Ω_T 以及物质密度参数 Ω_m。

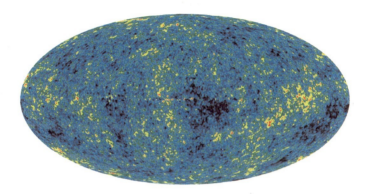

图 8.12　由 WMAP 七年的观测数据绘制出的宇宙婴儿时期的精细全天图像

该图像显示了 137 亿年前宇宙空间温度分布中的波动（在图像中表现为颜色的差异），这些小波动正是之后星系形成的种子。图中已经利用多波段观测数据消除了银河系本身的辐射。这幅图像显示了 ±200 mK 范围内全天的温度分布情况。（NASA/WMAP 科学团队）

8.4　望向宇宙的新窗口

通过本书的介绍，我们已经了解到"失踪"的重子物质很可能以"温"气体的形式弥散在宇宙大尺度结构中。这种气体的温度为几万到几十万度，一方面来说，这一温度过于高了，因此气体中不可能含有中性氢原子（气体原子间的碰撞非常剧烈，使得氢原子的轨道电子无法被束缚在质子周围）；而另一方面来说，这一温度又太低，这样的气体无法像星系团内的热气体那样产生"硬"X 射线辐射。研究认为，探测这种"温"星系际气体的一种可能的方法是探测它们在远紫外波段的吸收或辐射。然而，要真正实现这样的探测是很困难的：邻近的辐射源所产生的远紫外波段的辐射虽然足够强,却会被地球的大气层吸收,因此需要在太空中进行观测;而那些遥远的气体云,它们所产生的辐射过于微弱,很难被探测到,同时这些气体云所产生的吸收线会被更强的莱曼森林掩盖,几乎无法被分辨出来。

最有可能在未来实现的一种探测方式是通过探测来自宇宙空间的五倍电离的氧发射线来寻找这种气体。原因正如我们之前已经指出的,这些气体已经被之前几代恒星死亡时所喷射出的重元素"污染"了。

一些项目已经开始尝试寻找这样的发射线。例如在 2007 年发送升空的"火球"号探测气球(Faint Intergalactic-medium Redshifted Emission BALLoon,FIREBALL)就已经证明了这种探测方式的可行性。它的第一次飞行帮助科学家们改进了探测方法和探测器,但是这次飞行本身并没有采集到观测数据。2009 年"火球"号进行了又一次飞行。这次观测进展顺利,由于探测条件良好,共发现了三个目标。数据分析目前正在进行,但因为要把气球的运动以及探测器的灵敏度等问题也一一考虑在内,这将是一项艰巨的任务。

ISTOS(Imaging Spectroscopic Telescope for Origins Surveys)是由美国提议、法国参与的一个卫星项目,目标是寻找宇宙中隐藏的重子物质,并描绘它们在宇宙中的分布情况。这个项目并不在各个机构近期优先推动的项目名单中,但是它在科学上的重要性最终一定会使其脱颖而出。该项目专用的卫星按计划将进行长期的观测,以提高探测的灵敏度和所覆盖天空区域的面积。

目前,有一个更深层的重要问题仍没有找到答案,即再电离发生的确切时间。正如我们在前文中已经介绍过的,关于这一时间点,SDSS 基于对类星体的观测所得出的结果与 WMAP 基于对 CMB 温度分布中的波动的观测所获得的结果之间存在着差异。是实际的宇宙演化过程中存在多个再电离时期吗?检验这个假设并确定不同的再电离过程各自发生的时间的一种方法是对著名的中性氢 21 厘米辐射进行直接观测。但由于观测目标的红移介于 6 至 20 之间,这就需要用到可探测波长为 1 至 10 米的射电辐射的最为先进的探测器。

例如低频天线阵列(Low Frequency Array,LOFAR)和平方千米天线阵列(Square Kilometer Array,SKA)这样的射电望远镜将可以满足上述需要。SKA项目计划建设一个总覆盖面积为1平方千米的射电望远镜阵列,将能达到现有的射电望远镜的灵敏度的100倍。初期有四个国家(阿根廷、澳大利亚、中国和南非)参与了SKA选址的角逐。由于大气中的水汽会吸收天文学家们所关注的这一波段的无线电波,SKA必须建造在气候干燥的高海拔地区。2006年9月,中国和阿根廷的选址方案分别由于地理条件以及电离层不稳定而遭到否决。2012年5月25日,SKA合作团队最终宣布将在南非、澳大利亚和新西兰建设天线阵列,预计将于2016年开始首期建设。SKA将建造一个射电天线的网络,其中每一个天线的直径为6米(图8.13),数百个天线所采集的信号将被结合在一起进行综合分析,从而获得极高的灵敏度和分辨率。我们知道,望远镜的口径越大,它的分辨率就越高,即区分出非常接近的两个天体的能力就越强。尽管SKA的探测器区域内并非排满了射电天线,但它巨大的规模将使其能够区分出在天空中相距只有0.01角秒的两个天体。举个例子来说明,这种

图8.13 平方千米天线阵列中央核心区域内 15 m × 12 m 的补偿式格里高利天线(offset Gregorian antenna)的示意图

SKA的天线阵列中最主要的都是这样的碟形天线,按目前的计划将建造安装大约3 000个。SKA天线的设计在很多方面都是史无前例的,这不仅因为所需建造的天线的数量巨大,还因为要达到一个非常之高的灵敏度。(SPDO/TDP/DRAO/斯温伯尔尼天文作品(Swinburne Astronomy Productions))

分辨率意味着SKA可以将月球上相距15米的两个物体区分开,比现有的任何地面设备的分辨率的50倍还高,与大型空间望远镜的分辨率相当。此外,与光学望远镜非常有限的视场不同,SKA的另一个优势就是它的视场能够覆盖非常广阔的天空区域:边长约为7度(相当于15个满月排成一排)的一片区域。这些优良的性能使得SKA将有能力探测原初气体云所产生的辐射,这一时期的气体云还没有被恒星的光照亮,在宇宙再电离时期开始时宇宙中已存在的全部恒星的总质量只有大约10亿倍太阳质量(仅相当于一个矮星系的质量)。我们将能够"看见"被最早一代类星体的辐射电离的中性气体云,从而了解宇宙演化历史中这一关键时期的情形。LOFAR阵列(图8.14)是SKA的样板项目,它将帮助检验SKA项目所要使用的技术及方法的可行性和可靠性。

图8.14 低频天线阵列的主要核心区域,坐落于荷兰的东北部

LOFAR是一个用于观测宇宙低频无线电波的无线电干涉仪,它所能探测的频率为90～200 MHz,与FM广播所使用的频率非常接近。LOFAR的设计非常新颖,与传统的需要对准观测对象的望远镜不同,LOFAR是首个可以同时对全天进行观测的望远镜。当需要对某个特定方向的天空进行观测时,天文学家可以通过一台超级计算机来获取来自这个特定方向的观测数据。除了位于荷兰的多个LOFAR观测站,还有一些其他观测站位于法国、德国境内,此外在英国也有一个LOFAR观测站。LOFAR的一个重要任务是寻找宇宙再电离时期开始的信号,最可能是由于宇宙中最早的恒星或类星体所辐射的光子使得星系际介质中的气体发生了再电离。LOFAR将有可能通过观测中性氢的超精细结构跃迁来确定宇宙再电离时期开始时的红移。这一跃迁对应1.4 GHz的静止频率,因此如果宇宙再电离发生在大约红移$z=8$时,这一信号应该恰好能被无线电干涉仪观测到。(荷兰射电天文研究所(Netherlands Institute for Radio Astronomy, ASTRON))

所以，天体物理学的研究目标是不断地探索宇宙的奥秘，更深入地了解它的演化历史。不久之前仍然无法想象的一些先进技术现在也得以实现了。我们建造了口径数十米的望远镜，并为之配备了数十亿像素的探测器，可以对各种波长的辐射进行探测，还有能够处理海量数据的超级计算机对观测结果进行分析，甚至可以对宇宙的演化进行细致的模拟。伴随着技术的进步，天体物理学的研究开始变得像粒子物理学，要把宇宙作为它的终极实验室。

物质、暗物质和反物质

第9章
从望远镜到加速器

> 透过望远镜看天空是个不明智之举。
>
> ——维克多·雨果（Victor Hugo）

如果维克多·雨果的说法是对的，那么天文学家们正在变得越来越不明智，因为天文望远镜的尺寸正在变得越来越大，有些望远镜的口径已经达到了数十米。然而，对宇宙大尺度结构的研究是与对原子和亚原子尺度的物理的理解紧密联系在一起的，天文学家们是否也在这些研究宇宙的其他道路上追逐着这种"不明智"？在前面章节中我们已经接触到了粒子、重子、暗物质、暗能量、核反应等粒子物理的基本概念，粒子物理能帮助我们更好地从整体上理解我们所处的宇宙——这个宇宙学唯一的研究对象。

事实上，宇宙学的研究与基础物理学密切相关。宇宙演化过程中的基本相互作用以及宇宙的组成等方面恰好就是粒子物理学家们研究的课题。而另一方面，要进一步理解四种基本相互作用是如何统一的需要进行高能标的实验，而这样高的能量又偏偏是我们在实验室中无法奢望的，所以宇宙（尤其是极早期宇宙）必然要被我们拿来当作终极的粒子加速器。理论物理和粒子物理很可能是我们认识宇宙的关键，但同时天体物理和宇宙学（尤其是观测宇宙学）对物理学本身的发展也同样做出了巨大的贡献。恒星物理启发科学家用中微子振荡来解释太阳中微子"失踪之谜"；关于原初核合成的研究预言了中微子有多少代，这一结果之后在加速器实验中被证实了；对星系、星系团以及宇宙的动力学研究揭示了暗物质和暗能量[①]的存在。

9.1 粒子物理标准模型及其扩展模型

和宇宙学一样，粒子物理也有自己的"标准模型"。在描述原子和亚原子这个尺度的错综复杂的物理方面它是非常成功的，并且这个标准模型每天都在被世界各地最大的那些粒子加速器上进行的各种实验不断地检验着。根据粒子物理标准模型（图9.1），普通物质是由夸克（已知的6种夸克中最后一个被发现的是1995年在费米实验室（Fermilab）的万亿电子伏加速器（Tevatron）上发现的"顶"（top）夸克）和电子（轻子家族的成员之一）构成的。夸克和轻子这两类基本粒子都属于费米子。我们熟悉的质子和中子属于复合费米子，它们都是物质的重要组分。粒子之间通过交换属于玻色子的"传递"粒子或者说"信使"粒子来进行相互作用。与费米子不同，玻色子不遵循泡利不相容原理[②]。玻色子可以分为两类。一类是传递某种相互作用的中介粒子（电磁相互作用的中介粒子是光子，强相互作用的中介粒子是胶子，弱相互作用的中介粒子是W和Z粒子，引力相互作用的中介粒子被称为引力子（目前仍是个理论假设，尚未被实验发现））。另一类是希格斯（Higgs）玻色子，理论上认为它的作用是使得其他基本粒子获得质量。2012年7月4日欧洲核子中心（CERN）宣布在大型强子对撞机（Large Hadron Collider，LHC）上发现了一种新的基本粒子，它的性质与粒子物理标准模型中所预言的希格斯玻色子非常相近。2013年3月14日欧洲核子中心再次发布新闻，确认之前发现的新粒子就是粒子物理

---

① 为了解释宇宙的加速膨胀，必须假设宇宙中存在一定比例的具有"排斥"作用的能量/物质组分，宇宙学家把它称作暗能量（因为它提供了宇宙加速膨胀的动力，而本身还没有被探测到）。宇宙学常数是暗能量的一个很可能的候选者。

② 泡利不相容原理认为两个费米子（例如两个电子）不能同时占据同一个量子态。这个原理可以用来解释原子的电子壳层结构。

学家们期待已久的希格斯玻色子。目前已知的一共有四种基本相互作用。由胶子传递的强相互作用使得夸克结合在一起形成质子和中子。同样是强相互作用克服了质子间的电磁排斥力使得质子和中子结合在一起形成原子核。由光子传递的电磁相互作用将电子束缚在原子核外。在例如等离子体中的电磁相互作用过程会产生辐射光子。由 W 和 Z 玻色子传递的弱相互作用是包括核裂变在内的各种自然放射性现象产生的原因。由（目前仍是假想的）引力子传递的引力相互作用则在宇宙尺度中起着主导作用。

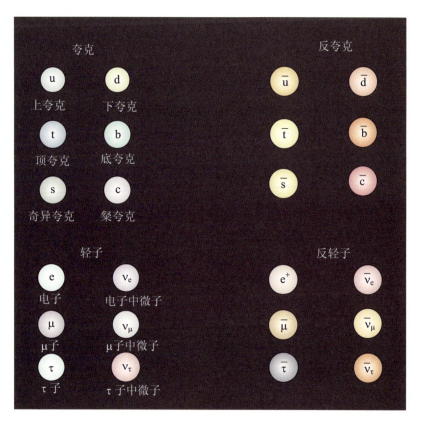

图 9.1　基本粒子及其反粒子

夸克和轻子都是基本的费米子。由夸克构成的复合费米子，如质子和中子等，是原子核的组成部分，而原子核与电子一起构成了普通（重子）物质。尽管中微子的某些性质目前仍是未知，它的存在已经是个公认的事实了。中微子并不是暗物质最可能的候选者。（IN2P3）

尽管我们现在对四种基本的相互作用都有了一定程度的了解,但这些相互作用的起源是什么,为什么会形成多种形式的相互作用,这些问题仍有待被解答。是否有可能在某种物理条件下所有这些相互作用都可以统一成一种相互作用形式?目前弱相互作用与电磁相互作用的统一理论已经建立起来了,谢尔登·格拉肖(Sheldon Glashow)、史蒂文·温伯格(Steven Weinberg)和阿卜杜勒·萨拉姆(Abdus Salam)因此获得了1979年的诺贝尔奖,而相关的W和Z"传递"玻色子也于1983年在欧洲核子中心被发现了。标准模型的一些扩展模型/理论,例如超对称理论(缩写为SUSY,发音是"苏西"),预测所有这些相互作用在高能标处将统一为一种相互作用。当然,这个有趣的统一理论假说对于强相互作用力都尚且未在实验上得到证实,更不用提引力了。

超对称这个有趣的理论假设还针对宇宙学模型给出了一些其他的直接且有用的结果。其中之一与之前简单提到过的反物质问题相关。根据粒子物理标准模型,在宇宙演化的热历史中,物质和反物质应该等量地被产生出来,而后当宇宙冷却下来时,重子和反重子则会几乎完全相互湮灭。然而,在粒子物理标准模型的框架下,计算所得的剩余物质的总量要比实际的天文学观测所获得的结果小了好几个量级。或者,我们应该能观测到物质与反物质相遇的区域所产生的辐射,但实际并非如此。而超对称模型通过放宽标准模型的某些限制性假设,似乎可以为反物质的演化历史提供一个自然的解释。

9.2 中微子是暗物质?

在图9.1中我们可以看到,轻子("感受"不到强相互作用力的一类粒子)家族中的每一代带电轻子(如电子等)都有对应的一代电中性的轻子——中微子与之相伴。中微子这种新粒子的存在最早是1930年沃尔夫

物质、暗物质和反物质

冈·泡利为了解释β衰变中的能量不守恒问题而提出的一个假说,而后在1956年被实验所证实。之后直到1990年才确认轻的中微子总共只有三代。与其他粒子一样,中微子在宇宙年龄约为一秒时的极热的原初宇宙时期已经被产生出来了。而随即,几乎就在同一时期,中微子就与其他所有物质和能量组分退耦(而光子退耦发生在30万年之后),形成了一个弥散于整个宇宙空间的宇宙中微子背景。在我们日常生活的环境中,除了宇宙微波背景辐射光子,每立方厘米还存在大约150个宇宙背景中微子[①](以及大约150个宇宙背景反中微子),由于宇宙膨胀的缘故,现今这些中微子的能量已经降至极低。宇宙中微子背景的温度为1.9 K,与CMB光子的温度相差不多。

中微子属于粒子物理标准模型中一个已知的粒子家族,它是电中性的,在宇宙中数量丰富,并且几乎不与其他物质发生相互作用。每时每刻都有数十亿的中微子正穿过地球,但是其中只有极少数几个会与地球物质发生相互作用而停留在地球内部。由于中微子数量非常之多,并且是电中性的(因而不会产生任何电磁辐射),20世纪80年代在加速器上发现了全部三代中微子后,宇宙学家们和物理学家们都认为他们已经解决了暗物质的问题。事实上,尽管在标准模型中中微子被认为是没有质量的粒子,实验却表明它们具有非零的质量。当时物理学家们认为如果考虑了中微子的总质量,宇宙总物质/能量密度参数就将恰好等于1——不再需要引入任何暗能量了!可惜后来的实验结果不断将中微子质量的估计值向下修正。尽管中微子的质量仍然非零,但它已经不足以构成对星系和星系团动力学起主导作用并且控制了宇宙大尺度结构形成的全部暗物质了。如果暗物质不是重子物质,也不是中微子……嗯,我们必须再去别处找找看。

---

① 当然我们周围还存在一些能量高得多的中微子,例如来自太阳、超新星、伽马射线暴等天体的中微子。

9.3 直接探测与间接探测

虽然中微子具有一些与暗物质非常相符的性质,使其长期以来一直被当作暗物质的主要候选者之一,但它最终还是没能被赋予这个光荣的称号。所以问题依然存在,标准模型中再没有其他粒子可以作为暗物质的候选者。对寻找暗物质候选者的天体物理学家来说,幸运的是,大多数超对称模型都预言存在一个电中性的稳定粒子——中性伴随子,它的各方面性质都恰好符合作为暗物质的要求。当然,目前这种粒子仍仅是理论上的预言。

倘若真能探测到这种粒子,就将一举解决一个天体物理学之谜,并为粒子物理开辟一个全新的前景。当然,最为理想的情形是在实验室中直接探测到中性伴随子。但我们也知道中性伴随子与中微子一样几乎不与探测器中的普通物质发生相互作用,此外寄生效应的风险也始终存在,要如愿地实现这样的直接探测将是异常困难的。在过去的二十几年中,已经有许多相关的实验正在进行,但真正声称得到了正面结果的只有意大利格兰·萨索(Gran Sasso)实验室的 DAMA 团队,不过他们的这个结果并未得到科学界的公认。

另一种间接探测的方法是寻找暗物质粒子湮灭(暗物质粒子本身很可能就是自己的反粒子)所可能产生的末态粒子,这样的信号会出现在天空中暗物质聚集的区域(例如我们银河系的中心)。这种湮灭反应很可能产生高能伽马光子,高能立体视野望远镜(High Energy Stereoscopic System,HESS)——一个位于纳米比亚的望远镜阵列(图 9.2)目前正在搜寻这样的信号,法国的一些研究人员也参与其中。中微子是暗物质湮灭的另一种可能的末态产物,这种有些让人难以琢磨的粒子总是会出现在一些让人意想不到的地方。现在已有一些正在运行之中的中微子望远镜,但它们的长相与传统的天文望远镜几乎没有任何相似之处。地球本身就可能与中微子发生相互作用,从而捕捉到这种奇特的粒子,中微子望远镜就是利

物质、暗物质和反物质

用地球作为探测介质,从地球深处(沉在海底或深埋在冰层内)对天空进行扫描。作为暗物质湮灭产物的中微子(以极罕见的概率)与地球物质发生相互作用后会产生一个叫作 μ 子的末态粒子。而 μ 子可以在大体积的冰或水这样的探测介质中被探测到。当 μ 子穿过这些介质时会发出光辐射(切伦科夫辐射[①]),形成一个锥面在介质中传播(图 9.3)。分析阵列中多个探测器所采集的信号就能得知这个切伦科夫辐射的几何特征,从而推知末态 μ 子的性质,再间接地推测出入射中微子的性质。

图 9.2 四座高能立体视野望远镜中的两座

HESS 位于纳米比亚冈姆斯山脉(Gamsberg Mountains)附近,此地以其绝佳的光学观测条件而闻名。HESS 是一个大气切伦科夫望远镜成像系统,可以用于探测 100 GeV 到 100 TeV 能量范围内的宇宙伽马射线。HESS 是 High Energy Stereoscopic System 的缩写,同时也是为了向维克托·赫斯(Victor Hess)致敬。维克托·赫斯因为发现了宇宙射线而获得了 1936 年的诺贝尔物理学奖。利用这个望远镜,科学家们可以探测到亮度仅为蟹状星云(天空中最亮的稳定伽马射线源)千分之几的伽马射线源。全部四座 HESS 望远镜在 2003 年底都已经可以正常运转,并已于 2004 年 9 月 28 日正式开始运行。(HESS 合作组)

[①] 切伦科夫(Cherenkov,也拼作 Čerenkov)辐射是指当带电粒子(例如电子)以超过介质中光速的运动速度穿过该介质时所发出的电磁辐射。这种情况发生时,带电粒子以"冲击波"的形式发出电磁辐射,被称为切伦科夫辐射。核反应堆独特的蓝色辉光就是由于切伦科夫辐射而产生的。这种辐射以俄罗斯科学家帕维尔·阿列克谢耶维奇·切伦科夫(Pavel Alekseyevich Cherenkov)的名字命名。

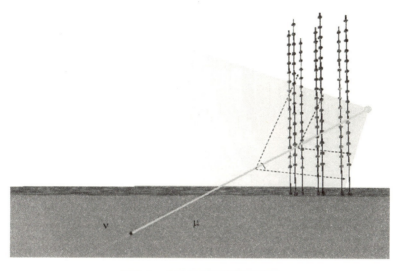

图 9.3 中微子望远镜的原理图

若探测到中微子与地球物质相互作用产生的末态 μ 子所发出的锥状的切伦科夫辐射,这有可能是一个暗物质粒子湮灭的信号。

ANTARES(Astronomy with a Neutrino Telescope and Abyss environmental RESearch project)和 AMANDA(Antarctic Muon And Neutrino Detector Array)是另外两个中微子望远镜项目,前者被放置在距离法国土伦(Toulon)海岸 40 千米处地中海的 2 500 米深处(图 9.4),而后者则被深埋在南极洲阿蒙森-斯科特南极站(Amundsen-Scott South Pole Station)近 2 千米厚的冰层之下,它们将寻找可能是来自宇宙中一个主要组分——暗物质的湮灭信号之一——难以捉摸的中微子。2005 年,在经过了九年的运行之后,AMANDA 正式成为了它的后继项目冰立方中微子望远镜(IceCube Neutrino Observatory)(图 9.5)的一部分。

9.4 暗能量是什么?

宇宙中不仅包含物质组分(最主要是暗物质,重子物质只占其中极小的一部分),还包含能量组分,而其中占主导地位的是暗能量,这是一种性

物质、暗物质和反物质

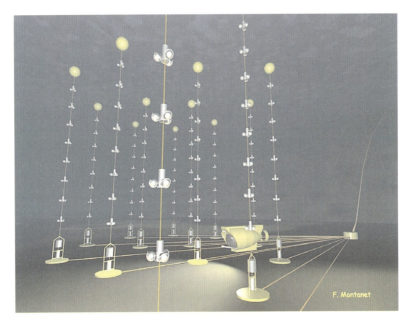

图 9.4　ANTARES 中微子望远镜

这个探测器是由 1 000 个光电倍增管组成的网络构成的,这些光电倍增管能灵敏地探测到在介质中以超过介质中光速运动的 μ 子(中微子与探测介质相互作用而产生的)所发出的切伦科夫辐射。所有这些光电倍增管被安装在 12 根垂直放置的 350 米高的线缆上,线缆之间相距约 70 米,总共能覆盖大约 0.1 平方千米的区域。ANTARES 位于距离土伦 40 千米的地中海的 2 500 米深处。(蒙塔内(F. Montanet)/ANTARES)

质非常奇特的能量,它的负压力能够与引力抗衡,加速宇宙的膨胀。对遥远的超新星的观测结果表明宇宙正在加速膨胀,这是暗能量存在的最早的证据。

如果我们引入宇宙学常数,又或者认为宇宙中存在着与量子力学中的真空能性质相同的一种新的形式的能量,那么爱因斯坦的相对论将可以用一个相当简单的方程表述,这是个有点令人惊讶的发现。想象存在一种新的暗物质粒子不会太困难,我们最终可能发现它是中微子的某个远亲,某种一样难以捉摸的粒子。但用同样的推广方法来想象暗能量就不是那么容易了,这是因为暗能量的性质的确很奇特。不过如果我们想象一下,正是因为存在着类似性质的能量(或者就是暗能量本身?)导致了原初宇宙的暴胀,可能就不会对它的奇特性质感到太吃惊了。要描述这种形式的能量

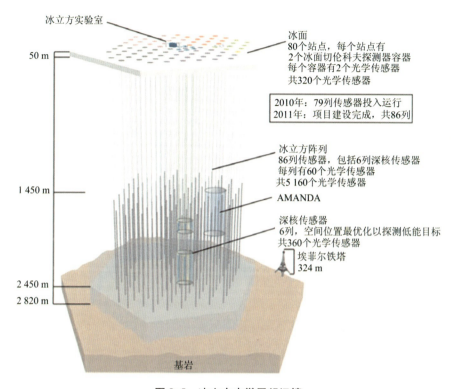

图 9.5　冰立方中微子望远镜

冰立方中微子望远镜（简称冰立方）是一个建在南极洲阿蒙森-斯科特南极站的中微子望远镜。和它的前身 AMANDA 类似，冰立方包含数千个被称为数字光学模块（Digital Optical Module，DOM）的球面光学传感器，每一个 DOM 都和一个光电倍增管（PMT）以及一个数据采集单片机相连接，可以把所获取的数据发送到位于阵列上方冰面上的计算室。冰立方中微子望远镜已于 2010 年 12 月 18 日完成了全部探测器阵列的建设和安装。（IceCube 科学团队，弗兰西斯·哈尔曾（Francis Halzen），威斯康星大学物理系（Department of Physics，University of Wisconsin））

需要将广义相对论和量子力学结合在一起，这一点目前还未能实现。在缺少精确的理论描述的情况下，天体物理学家和物理学家们正相互合作，试图找到对仍是一种假设的暗能量的性质的最佳描述，来表述它对宇宙学以及物理学基本定律的深刻影响。对暗能量的性质的研究是一个复杂的问题，尤其是它随着时间的变化可能如何演化。所以基础物理正把天体物理当成一种工具，希望找到能够解释目前所有宇宙学的观测数据（超新星、引力透镜、CMB 的测量、星系团数目……）的理论模型。未来的十几年内，应

物质、暗物质和反物质

该有许多致力于寻找暗能量的观测项目开始运行，其中既包括地面的观测项目也包括空间探测项目，既有通过望远镜观测的也有利用加速器寻找的。美国国家航空航天局的大视场红外巡天望远镜（Wide-Field Infrared Survey Telescope，WFIRST）和欧洲空间局的欧几里得空间望远镜（Euclid）就是其中的两个项目。

9.5 接近大爆炸？

我们对亚原子物理的某些重要领域目前仍然知之甚少。例如，物理学家们想知道为什么粒子会具有质量，又为什么不同的粒子具有不同的质量。回答这个问题是大型强子对撞机的目标之一，它在 2008 年 9 月加速了其第一束粒子束流。这个了不起的机器是当今最新最先进的粒子加速器，它是由二战后不久在伯克利建设的一个回旋加速器（能将粒子加速至 MeV 级的能量）演变、改进而来的。几十年的时间内，在这个回旋加速器上曾经产生了一系列重要的发现（发现了电子、质子、中子、正电子等），迎来了粒子物理学的黄金时期。如今大型强子对撞机取代了从 1989 年一直运行到 2000 年的大型正负电子对撞机（Large Electron-Positron Collider，LEP），LEP 能够将粒子加速到 200 GeV 的极高能量（最早期的加速器的 1 000 倍）。

大型正负电子对撞机的实验结果为我们提供了关于弱相互作用的很多信息，并且测量了相关的 Z 和 W 玻色子的质量。既然提到粒子的实际质量，粒子物理标准模型提出了这样一种假设，认为存在一种无处不在的"希格斯场"以及与之相关的"希格斯玻色子"。其他基本粒子与这个场的相互作用是这些基本粒子拥有质量的原因：越重（轻）的粒子与希格斯玻色子的相互作用越强（弱）。发现希格斯玻色子并且测量它的质量标志着粒子物理学（同时也是物理学）向前迈进了一大步。

最后，如果我们想从宇宙最初的时刻开始描写宇宙的热历史，就会需要能够描述极高温条件下的相互作用的物理理论的帮助：我们确实看到，往回追溯到宇宙的越早时期，宇宙的温度升高得也就越快（参见附录）。我们现有的物理知识能满足这些要求吗？正如我们已经知道的，如果将时间倒回到大约普朗克时期，就需要有一个（这只是粗略而言）将广义相对论与量子力学相结合的理论来描述它。而产生了轻元素的原初核合成发生在大爆炸之后几分钟，对应的是能标为十分之一 MeV 这个量级，属于核物理研究的领域。多亏了有像位于法国卡昂（Caen）的法国国家重离子大型加速器（Grand Accélérateur National d'Ions Lourds，GANIL）这样的设备上所进行的各种系列实验，我们对核物理这个领域已经有了比较好的了解。通过研究不同种类的原子核之间的碰撞，GANIL 的研究人员们已经有办法探讨核物质的一些积分性质和它们的相互作用。更大型的粒子加速器是否真的能够重现大爆炸之后不久宇宙头一秒钟内这个由基本粒子间的基本相互作用占主导地位时期的实际物理条件？

  大型强子对撞机是目前世界上最强大的加速器（图 9.6），其中的重粒子对撞可以达到大约亿万度，即十万倍于太阳中心的温度。我们因此有可能能够对由极其高温高密度的粒子"浓汤"构成的极早期（$t \approx 10^{-11}$ 秒）宇宙进行研究：此时期宇宙中充满着夸克-胶子等离子体，而后随着宇宙的膨胀夸克-胶子等离子体逐渐冷却，夸克开始形成质子和中子。然而，即使能够回溯到宇宙诞生后的头一秒，我们的研究也远未结束，还有更多有趣的事情在更高的能标处即宇宙更早时期发生，例如所有类型的相互作用的大统一应该是发生在大爆炸后大约 10^{-39} 秒（10^{16} GeV）时，而普朗克时期则是在大约 10^{-43} 秒（10^{19} GeV）时。

  所以，现在不仅宇宙学家们可以在计算机上随心所欲地模拟各种各样的宇宙，粒子物理学家们也可能在实验室中重现原初的宇宙流体！

  勒梅特，爱因斯坦，伽莫夫，还有其他一些人肯定会喜欢的……

物质、暗物质和反物质

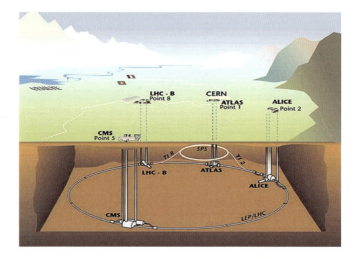

图 9.6 大型强子对撞机的四个主要实验的位置的示意图以及 LHC 实验隧道内的低温磁体的照片

大型强子对撞机的加速环建在法国和瑞士边境的一个周长 27 千米的环形隧道内，LHC 可以在加速环内加速两束方向相反的粒子束。当粒子被加速至最大速度时，LHC 可以让两束粒子流在加速环上的四个位置发生碰撞。（上图）该图显示了 LHC 的四个主要实验（ALICE（A Large Ion Collider Experiment）、ATLAS（Argonne Tandem Linear Accelerator System）、CMS（Compact Muon Solenoid）和 LHCb（Large Hadron Collider beauty））的位置。为此，在地下 50 至 150 米之间，工程人员挖掘了数个硕大的洞穴，用于安放巨大的探测器。超级质子同步加速器（Super Proton Synchrotron，SPS）是预加速链的最后一环，图中也显示了 SPS 如何与 LHC 的隧道相连接。（下图）27 千米长的 LHC 实验隧道内的 LHC 低温磁体的照片。为了能精确地控制粒子束运动的路径，把每一个磁铁精确地放置在它的设计位置上是至关重要的。（CERN）

9.6 粒子物理有何新发现?

正如我们已经知道的,当今宇宙中几乎没有任何反物质存在,虽然其中的原因仍是个谜。解开这个谜团的一个办法就是直接对反物质进行研究!尽管乍一听来似乎令人难以置信,但反物质确实每天都在粒子加速器中被产生出来。从 20 世纪 90 年代末开始,欧洲核子中心的"雅典娜"(ATHENA)实验一直在制造低能的反氢原子并与氢原子对比来进行研究。2002 年 9 月"雅典娜"实验宣称首次受控产生了大量低能的反氢原子并直接探测到了它们的湮灭(图 9.7)。"雅典娜"实验于 2004 年 11 月停止

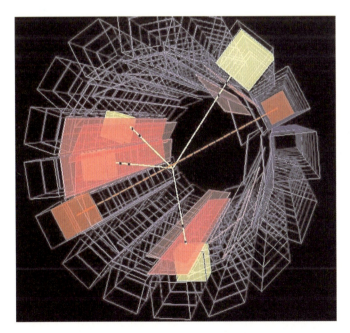

图 9.7　ATHENA 实验所探测到的一个物质-反物质湮灭事例

"雅典娜"实验自 2001 年起在欧洲核子中心的反质子减速器(Antiproton Decelerator,AD)上开始进行,图中显示了该实验探测到的一个由反氢原子引起的物质-反物质湮灭的真实事例。这个反质子(反氢原子核)的湮灭产生了四个带电 π 介子(黄色),它们的运动轨迹可以由硅贴片(粉色)来探测,四个 π 介子最后都停在 CsI 晶体(黄色方块)内并在其中沉积能量。该反质子湮灭事例还同时产生了背向运动的一对伽马光子(红色)。(CERN)

物质、暗物质和反物质

运行，同时另一个阿尔法实验已经开始筹备以继续这方面的研究。2010年末，阿尔法（ALPHA）实验组的物理学家们取得了一个重要进展，他们不仅产生出了反氢原子（最容易产生的一类反物质原子），还通过巨大的磁场把反氢原子束缚住（尽管反氢原子整体上也是电中性的），将其与普通物质隔离开来，阻止它们相互湮灭。研究人员将38个反氢原子保持了大约五分之一秒，这个时间长度足够对它们进行细致的研究。早在1995年初，欧洲核子中心也进行过类似的尝试，当时他们仅将反物质粒子保持了约40纳秒。而后，2011年5月，阿尔法团队又介绍了他们如何成功地将309个反氢原子束缚了大约1 000秒。这不仅是在数目上更是在束缚时间上的飞跃，将帮助我们更深入地了解反物质粒子与物质粒子性质的异同。

同样是在欧洲核子中心，还有一个名为ASACUSA（Atomic Spectroscopy And Collisions Using Slow Antiprotons）的实验致力于研究物质和反物质相互作用行为的根本差异。与阿尔法实验直接将反物质原子与对应的普通物质原子进行比较的方式不同，ASACUSA实验产生的是例如"反质子氦（antiprotonic helium）"这样的复合原子。氦是除氢原子外结构最简单的原子，它包含2个围绕原子核的轨道电子。"反质子氦"实际上就是用反质子替换氦原子的一个轨道电子。制造这种复合原子相较于产生反氢原子要容易一些，而且它们存活的时间也要相对更长一些。ASACUSA团队利用欧洲核子中心的反物质减速器（the Anti-matter Decelerator）往冷的氦气中发射一束反质子束流。其中大多数反质子很快就与周围的普通物质相互湮灭了，但仍有很小一部分与氦结合形成了同时包含有物质和反物质的复合原子。利用激光束来激发这些复合原子，ASACUSA实验就可以前所未有的精度测量出反质子的质量，并将其与质子的质量进行比较。

此外，在不久的将来，欧洲核子中心的AEGIS（Antimatter Experiment：Gravity，Interferometry，Spectroscopy）实验还将探测反物质的引力相互作用，看看是否在某些方面与普通物质有所不同。在目前的理论物理的框架内，我们可以预见物质与反物质的引力相互作用的行为应该不会有任何差别。但是，谁又真的能确定呢？科学的进步常常是由一些意料之外的实验结果推动的,所以这个实验还是值得并且应该去做的。希望所有这些新的研究工作将最终帮助解决这个最为困扰我们的宇宙之谜:为什么宇宙中没有反物质存在?

在2008年9月初出色的开局之后,LHC紧接着就发生了一个可怕的事故(导致了实验设备以及隧道本身的损坏)①,而后重新投入运行的LHC就像重生的凤凰一样,近期在宇宙学和粒子物理的相关热点领域给我们带来了一系列好消息。在粒子物理中的反物质领域(包括产生轻的反物质粒子)取得了这些极具前景的进展之后,欧洲核子中心的科学家们转而将LHC用于加速重铅离子(失去了轨道电子的铅原子)束流,供ALICE、ATLAS和CMS上的实验使用,直到2010年底(图9.8)。他们的目标是实现宇宙学家最疯狂的一个梦想:将时间倒转回大爆炸的时刻,在实验室里观测原初"宇宙热汤"(图9.9)。

由于在LHC中发生对撞的是铅离子,再考虑到铅离子束流的高能量②,对撞时从核子中脱离出来的质子会分裂成更基本的组分:夸克和胶子,并形成夸克-胶子等离子体。事实上,这种夸克-胶子等离子体正是宇宙年龄只有10^{-11}秒时的"宇宙热汤"理论上所应该呈现的状态,至此,物理学家们的梦想终于开始变为现实了!然而,让他们感到惊讶的是,与预期相反,这一原初宇宙热汤呈现为液态而非气态。但之前在布鲁克海文国家实验室(Brookhaven National Laboratory)的相对论重离子对撞机(Relativistic Heavy Ion Collider)上所得到的结果却是与理论预期相符的气态。因此物理学家们还需要再进一步仔细研究这种新型的液体的性质,才可能告诉我们宇宙早期究竟发生了什么。

---

① 2008年9月19日的事故导致成吨的液氦泄漏到了LHC 27千米长的环形隧道内。这些液氦是用来将隧道内的1 232个首尾相连的偶级"弯曲"磁铁冷却到1.9 K(−271 ℃)的。这使得磁铁处于超导状态,才能产生足够强的磁场来引导粒子束,同时也消耗较少的能量。这次事故导致大约100个LHC超冷磁体的温度上升了100度,丧失了超导性能。这一设备故障最可能是由于两个加速器磁铁间的连接电路错误而导致的。在机器测试时,该连接处短路熔化,导致超冷液氦的大量泄漏。

② 一旦形成了铅离子束环流,它们就可以一直被加速到最高能量:每束流287 TeV。这一能量要远高于质子束流所能被加速到的最高能量,原因是一个铅离子中包含有82个质子。

物质、暗物质和反物质

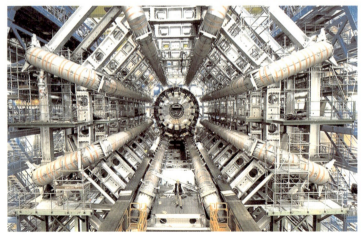

图 9.8　LHC 加速环的四个碰撞点实验室中的两个

LHC 加速环上四个碰撞点的位置都挖掘了巨大的地下洞穴用做实验室，图中显示了其中的两个。安放在碰撞点周围的探测器可以追踪每秒数十亿次碰撞及其所产生的末态粒子，并从数以千计我们不太关心的粒子中找出我们真正关心的行为独特的新粒子。从照片中我们就可以感觉到这些实验设备极其庞大并且极端复杂。（上图）ALICE 实验中，LHC 将引导铅离子进行对撞，在实验室条件下重建大爆炸后不久的早期宇宙的环境条件。物理学家可以利用实验所获得的数据来研究一种被称为夸克-胶子等离子体的物态，这种物态被认为在大爆炸之后不久曾经在宇宙中存在过。ALICE 探测器长 26 米，高 16 米，宽 16 米，重 10 000 吨。（下图）ATLAS 是 LHC 的两个多用途探测器之一。它将被用于物理学很多领域的研究，包括寻找希格斯玻色子、额外维、暗物质粒子等。ATLAS 能够记录对撞所产生的末态粒子的路径、能量、种类等一系列数据。ATLAS 探测器是迄今为止体积最大的粒子探测器。它长 46 米，高 25 米，宽 25 米，重 7 000 吨。（CERN）

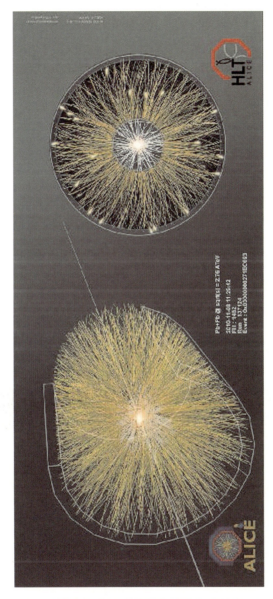

图 9.9　ALICE 实验的首个重离子对撞事例的粒子轨迹重建图片

2010 年 11 月 8 日，LHC 的科学家们首次宣称，几束稳定的重离子束环流正在加速环中运行。这里所看到的是首个铅离子-铅离子对撞的事例，对撞时，每对核子的质心能量为 2.76 TeV。图中所示的是由高电平触发器（High Level Trigger，HLT）在线重建出的一个事例，其中的粒子轨迹来自内部追踪系统（Inner Tracking System，ITS）和时间投影电离室（Time Projection Chamber，TPC）的测量数据。（CERN，ALICE 合作组）

物质、暗物质和反物质

在 1998 年被搭载在航天飞机上进入太空进行测试之后,几经变更,阿尔法磁谱仪(Alpha Magnetic Spectrometer,AMS-02)这一粒子物理实验模块终于在 2011 年美国航天飞机的倒数第二次飞行时被送入太空。它被安装在国际空间站(International Space Station,ISS)上,并且在国际空间站之后的整个生命周期内都将一直保持运行状态(图 9.10)。阿尔法磁谱仪是在诺贝尔物理学奖获得者、粒子物理学家丁肇中(Samuel C. C. Ting)的积极推动下建成的,它是一个粒子探测器,可用于追踪入射的带电

图 9.10　阿尔法磁谱仪的两幅示意图

阿尔法磁谱仪是一个粒子物理实验模块,于 2011 年 5 月由美国奋进号航天飞机(US Space Shuttle Endeavour)送入太空并安装在国际空间站上。AMS 是一个粒子探测器,可以追踪进入探测器的带电粒子,例如那些不断地撞击地球的质子、电子以及各种原子核。(上图)在国际空间站的全景图上可以看到 AMS-02 所在的位置,它被安装在整体桁架结构的顶部,S3 号桁架天顶侧 USS-02 上。(下图)安装就位的 AMS-02 的特写。它被安装在国际空间站 S3 内舱上部有效荷载附加位置。(NASA)

粒子，例如不断轰击地球的质子、电子和各种原子核。通过精确测量这些宇宙射线的通量，AMS 可以在十亿个粒子中发现其中唯一的一个反原子核。尽管 AMS 的主要目标是研究宇宙射线，它也可以帮助科学家们研究宇宙的形成，寻找难以捉摸的暗物质和宇宙中的反物质。

最初，科学家们为 AMS-02 专门研制了一个低温超导磁体，但磁铁的冷却系统存在的问题使得科学家们最终决定放弃低温系统，转而用之前研制的磁力较弱的永磁铁来代替。虽然这种非超导磁体的磁场较弱，但是它在轨道上的运行年限预计可长达 10～18 年，而相比之下超导磁体的运行年限只有 3 年。科学家们相信这种额外的数据采集时间要比高灵敏度更为重要，但是国际空间站本身是否能继续运转足够长的时间使得 AMS 的长寿命得到充分的利用尚不清楚。

总而言之，无论是对于宇宙学抑或是基础物理学而言，想要得到一个令人满意的、自洽的理论，仍有许多矛盾冲突需要解决，各种理论仍有待被统一。无论是对微观世界或是宏观世界，无论是研究普通重子物质或是古怪的暗能量，都是如此。

附 录

10 的幂次

附表 1

指数形式	符号	十进制数值
10^{-12}	皮 pico(p)	0.000 000 000 001
10^{-9}	纳 nano(n)	0.000 000 001
10^{-6}	微 micro(μ)	0.000 001
10^{-3}	毫 milli(m)	0.001
1		
10^{3}	千 kilo(k)	1 000
10^{6}	兆 mega(M)	1 000 000
10^{9}	吉 giga(G)	1 000 000 000
10^{12}	太 tera(T)	1 000 000 000 000
10^{15}	拍 peta(P)	1 000 000 000 000 000

高能物理常用的单位制

高能物理中将能量的单位电子伏（eV）作为基本单位，并将时间、长度、质量和温度的单位也都用 eV 的函数来表示。1 电子伏等于一电子经过电势差为 1 伏特的电场加速后所获得的动能，转换成常用的能量单位焦耳（J）为

$$1\,\text{eV} = 1.6\times 10^{-19}\,\text{J}$$

可见，电子伏是个很小的能量单位，非常适用于描述基本粒子。

该单位制是将下面几个基本物理学常数的值规定为 1 而得到的一种自然单位制：

$$h = c = k = 1$$

在自然单位制中有如下的对应关系：

	温度	质量
1 eV	11 600 K	1.78×10^{-30} kg

普朗克时期

量子力学处理的是原子以及亚原子领域的物理问题。在这个尺度下粒子系统的能量以及系统之间交换的能量都是"一份一份"（量子化）的。

其中最小的一份可以由普朗克常量 h 来描述：

$$h = 6.626\times 10^{-34}\,\text{J}\cdot\text{s}$$

我们还同时定义了约化普朗克常量：

$$\hbar = h/2\pi = 1.054\times 10^{-34}\,\text{J}\cdot\text{s}$$

在经典物理中，两物体间的引力由牛顿的万有引力定律来描述，其中的比

例常数称为万有引力常量或牛顿常量:

$$G = 6.673 \times 10^{-11} \text{ m}^3/(\text{kg} \cdot \text{s}^2)$$

广义相对论将引力定律改写为更一般的引力场方程,其中将光速(c)定义为一个不变的常量:

$$c = 299\ 792\ 458 \text{ m/s}$$

由上面介绍的三个基本常量可以构造出例如普朗克尺度、普朗克时间、普朗克质量、普朗克温度等各个物理量。

$$L_{\text{Planck}} = (\hbar G/c^3)^{1/2} \approx 10^{-35} \text{ m}$$
$$t_{\text{Planck}} = (\hbar G/c^5)^{1/2} \approx 10^{-43} \text{ s}$$
$$M_{\text{Planck}} = (\hbar c/G)^{1/2} \approx 10^{-8} \text{ kg}$$
$$T_{\text{Planck}} = (c^5 \hbar/G)^{1/2}/k \approx 10^{32} \text{ K}$$

宇宙热历史简表

附表 2　宇宙热历史

		时间/红移 $t \approx 1/5 \cdot T^2$ (MeV)	温度/能量
普朗克时期	所有相互作用统一为一种基本相互作用	$\sim 10^{-43}$ 秒/10^{32}	$\sim 10^{32}$ K/10^{19} GeV
第一次对称性破缺	引力从统一的基本相互作用中分离出来	$\sim 10^{-36}$ 秒/10^{28}	$\sim 10^{28}$ K/10^{15} GeV
第二次对称性破缺	强相互作用与电弱相互作用分离	$\sim 10^{-32}$ 秒	$\sim 10^{27}$ K
第三次对称性破缺	弱相互作用与电磁相互作用分离	$\sim 10^{-12}$ 秒/10^{15}	$\sim 3 \times 10^{15}$ K/250 GeV
重子形成过程	夸克被禁闭在质子和中子内部	$\sim 10^{-6}$ 秒	$\sim 10^{13}$ K/1 GeV
核合成过程	主要形成 H 和 He	~ 300 秒—35 分钟	$\sim 10^9$ K/1 MeV

续表

		时间/红移 $t\approx 1/5 \cdot T^2$ (MeV)	温度/能量
物质主导	（暗）物质主导	~60 000 年	~10 000 K/1 eV
复合	电子与质子形成原子	300 000 年	~3 000 K
宇宙微波背景辐射形成	宇宙开始变得透明	300 000 年/1 100	~3 000 K
星系开始形成		5×10^8 年？/~15？	~10 K
现在	生命	14×10^9 年？/0	~3 K/0.000 2 eV

术语表

A

埃(Å) 一种长度单位,等于10^{-10}米,一般用于原子物理中表示电磁辐射的波长和原子大小。该单位是以光谱学的创始人之一,一位著名的瑞典物理学家的名字来命名的。正式的国际单位制中使用的单位是纳米(1纳米=10埃)。

暗能量 为了解释宇宙的加速膨胀,必须假设宇宙中存在一定比例的具有"排斥"作用的能量/物质组分,宇宙学家称之为暗能量(因为它提供了宇宙加速膨胀的动力,尽管它本身的各种性质仍属未知)。宇宙学常数是暗能量的一个可能的候选者。

暗物质 很可能是由超出粒子物理标准模型的一些理论模型中已经预言的、但尚未被发现的某种粒子所构成的物质。对星系和星系团的动力学分析以及引力圆环(由于引力透镜效应形成的遥远星系的虚像)的存在都证明宇宙中存在隐藏的物质,就是这里提到的暗物质。

暗重子物质　研究表明宇宙中已知的重子物质比应有的要少,对缺失的这部分重子物质的寻找始终徒劳无功,因此提出了暗重子物质的假设:这类重子物质不发出任何辐射,所以几乎无法被探测到。暗重子物质可能以棕矮星或者温度极低的分子氢的形式存在于宇宙之中。

B

玻色子　一类基本粒子。与费米子不同,玻色子不遵循泡利不相容原理。目前已知的玻色子有两类。一类是传递某种相互作用的媒介粒子(光子传递电磁相互作用,胶子传递强相互作用,W和Z玻色子传递弱相互作用,引力子(目前还只是理论假设)传递量子引力)。另一类是希格斯玻色子,它被认为是一种使得其他基本粒子获得质量的基本粒子。2013年欧洲核子中心确认在大型强子对撞机上发现了粒子物理标准模型中的希格斯粒子。

不规则星系　参见"星系分类法"。

C

CMB　宇宙微波背景辐射(Cosmic Microwave Background)是充满整个宇宙空间的宇宙早期时形成并遗留下来的温度为3 K的"化石"辐射,最早是被彭齐亚斯和威尔逊探测到的。

超对称(SUSY)　粒子物理标准模型的一个扩展理论模型,它正确与否仍有待验证。超对称模型引起广泛关注的原因之一是它预言宇宙中存在一种数量巨大的超对称粒子,可能构成暗物质。

处理器　计算机系统中负责执行程序命令的"智能"部分。一个计算

机包含的处理器数目越多,能同时执行的操作也越多。

D

大辩论(沙普利-柯蒂斯之争) 围绕着当时所观测到的"星云"是否是银河系外的天体这一问题进行的一次天文学的大辩论。参见 http://antwrp/gsfc/nasa.gov/diamond_jubilee_debate.html。

大型强子对撞机(LHC) 近年建成的正在运行中的一个粒子加速器,该实验项目的目标是加深我们对物质本质的了解。LHC 建在日内瓦附近地下 100 米的一个总长 27 千米的环形隧道内。

代表性样本 从全部对象(物品、人、数据等)中选出的与全体对象具有相同性质的一组对象。例如,想要预计选举的结果,就需要访问一组不同年龄、性别、居住地和社会阶层的代表性人群。

氘 符号为 D,氢的一个同位素。一个氘核是由一个质子和一个中子构成的。氘在核反应中很容易被摧毁,因此原初核合成过程中所产生的氘在当今宇宙中已经很难被探测到。

等离子体 这种气体整体是电中性的,但其中的电子并不被束缚在某个特定的原子核周围(即气体原子是电离的),这通常是由于气体的温度非常高或者暴露在极高能量的辐射下。等离子体被认为是物质的第四种状态。恒星的内部就是由温度为数百万度的等离子体构成的。在宇宙诞生后的 300 000 年内,整个宇宙一直处于等离子体状态,而后在再电离时期之后,宇宙又再次回到了等离子体状态。

第Ⅲ星族 与"三"这个数字所暗示的顺序正好相反,第Ⅲ星族恒星指的是宇宙最原初的一代恒星。

电子 电子是一种轻子,同原子核一起构成了原子。电子带负电荷,它的质量为 9.1×10^{-31} kg,等于 0.511 MeV。

电子伏 电子伏(eV)是粒子物理中常用的能量单位。1 电子伏等于一电子经过电势差为 1 伏特的电场加速后所获得的动能。$1\text{ eV} = 1.6 \times 10^{-19}\text{ J}$,可见电子伏确实是一个很小的单位(参见附录)。

多普勒效应　当一列火车驶离车站时,站台上的观察者会发觉所听到的火车笛声的频率变低了。这种由于火车相对观察者运动而造成的频率变化就被称为多普勒效应。天体在宇宙空间中运动(例如螺旋星系旋转)时也会产生类似的多普勒效应。测量天体所发射的电磁波的频率(或者波长)的变化就可以推知该天体相对观测者的运动速度。

多重宇宙　某些宇宙学模型设想我们所处的宇宙并不是唯一的,而可能存在数量巨大的多个宇宙(例如,约 10^{500} 个宇宙!),每个宇宙的物理学常数都可以与我们所处的宇宙完全不同,因此各个宇宙的密度也不相同。

F

反物质　反物质粒子与对应的物质粒子具有相同的质量,但所有的量子数符号均相反。典型的例子就是反粒子与对应的粒子具有相反的电荷数。当一个粒子遇到它的反粒子时会相互湮灭,释放全部的能量(即这对粒子-反粒子的全部动能加上它们的总质量所对应的能量)。

费米子　遵循泡利不相容原理的一类粒子,即两个费米子不能同时占据同一个量子态。电子和质子都是费米子。

复合　宇宙温度 T 约为 $3\,000\text{ K}$ 时,形成氢原子和氦原子的过程。复合时期对应的红移为 $z_{\text{rec}} \sim 1\,000$。

G

伽马射线　电磁波谱中能量最高(频率最高、波长最短)的频域区间。

各向同性　各个方向上数量(或平均数量)相同。

光子　起源于希腊语 φωs(phos),意思是光。光子是玻色子,是传递电磁相互作用的粒子。

H

(原初、恒星)核合成　门捷列夫元素周期表里的各种元素是在宇宙演化热历史中的两个重要时期形成的。像氢和氦这样的轻元素是在大爆炸后第三分钟的原初核合成(也称为大爆炸核合成,BBN)时期内形成的,而其他重元素则是在这之后几百万年甚至几十亿年通过恒星核合成过程在恒星内部产生的。

核子　原子核的一种基本组分。核子包括质子(带正电荷)和中子(电中性)两种。

黑体　能够完全吸收外来的电磁辐射,没有任何反射与折射的一种理想的热物体。黑体可以被形象化地想象成一个只开了个小孔的烤箱,通过小孔可以探测烤箱内部的辐射。黑体的温度越高,其所辐射的电磁波的波长就越短(越"白热"),反之亦然。黑体辐射的波长 λ(单位:cm)与温度 T(单位:K)之间的关系可以由维恩定律来描述:$\lambda T = 0.29$。温度为 3 K 的宇宙微波背景所产生的黑体辐射就在毫米波段。太阳的光球层可以近似地看成是一个温度为 5 300 K 的黑体,它辐射的光波波长大约是 550 nm,所以太阳看上去是黄色的。

J

胶子　胶子是传递强相互作用的一种玻色子。

金属　天文学中把除氢和氦以外的所有元素统称为金属。

K

夸克　参与强相互作用的基本粒子,是一种费米子。夸克是强子(例如质子和中子)的基本组成部分。

L

莱曼系　氢原子发射的一系列光谱线(莱曼-α、β 等)。若氢原子核捕获一个自由电子到第一个激发能级,当它跃迁到基态能级时,多余的能量会以波长 1 215 Å 的光子的形式被释放(莱曼-α);第二个激发能级上的电子跃迁到基态则对应莱曼-β 线,以此类推。当气体吸收特定频率的光子时,莱曼系也表现为一系列吸收线。

量子数　量子力学中,一个系统可以由一系列与物理量相关的整数来描述。例如,原子内部电子的能量可以用能级数 n 来描述。电子的能量只能在能级之间"跳跃",即能量是量子化的。

螺旋星系　参见"星系分类法"。

M

MACHO　晕族大质量致密天体(Massive Compact Halo Object)的缩写。与 WIMP(弱相互作用大质量粒子)相对,MACHO 也是暗物质的一个候选者。

密度 单位体积的物质的质量。天文学研究中一般以每立方秒差距体积内包含多少倍太阳质量($M_\odot/\text{pc}^3$)的物质作为物质密度 ρ(定义为质量 M/体积 V)的单位,而把每立方秒差距体积内辐射总光度为太阳总光度的多少倍($L_\odot/\text{pc}^3$)作为光度密度 ℓ(定义为光度 L/体积 V)的单位。

秒差距 天文学中常用的一个距离单位。若一天体与太阳和地球连线的夹角恰为 1 角秒,该天体与我们的距离即为 1 秒差距。1 秒差距等于 3.26 光年。

N

纳米 参见"埃(Å)"。

O

Ω 宇宙学中常用的一个参数,用来表示构成宇宙的某种物质或能量组分的密度除以临界宇宙密度 ρ_c 所得到的值。通常用下标指示所包含的具体物质或能量组分(例如 Ω_b 表示宇宙中全部重子物质的密度参数)。

P

泡利不相容原理 该原理表明两个费米子(例如两个电子)不能同时占据同一个量子态。这一原理可以用来解释原子的电子壳层结构。

普朗克时间　我们目前所了解的知识无法告诉我们宇宙在普朗克时间（10^{-43} s，参见附录）之前所发生的事情。解释这一时期的物理过程需要结合广义相对论和量子力学，这是目前理论物理尚无法解释的领域。

Q

强子　起源于希腊语 άδρός（hadrós），意思是强的。与轻子不同，强子参与强相互作用。强子可以分为重子（由三个夸克构成）和介子（由一个夸克和一个反夸克构成）两类。重子是费米子，而介子是玻色子。最常见的强子就是质子和中子（都属于重子），它们是构成原子核的组分。

轻子　起源于希腊语 λεπτός（leptos），意思是微小的、轻的。与强子不同，轻子不参与强相互作用。轻子和夸克是构成物质的基本粒子。目前已知的轻子有 6 种：电子、μ 子、τ 子以及对应的三代中微子。

R

（宇宙）热历史　指宇宙由大爆炸开始到现在的整个过程中其能量/物质组分演化的历史。我们可以根据辐射（能量）和物质在宇宙所占的比重定义宇宙演化历史中的几个主要时期：辐射主导时期、物质主导时期以及两个时期的过渡阶段。比如复合和再电离都发生在宇宙由辐射主导向物质主导转化的过渡时期（参见附录）。

韧致辐射　又称为自由-自由辐射，指带电粒子经过其他带电粒子附近发生偏转时所发出的连续谱辐射。

S

实例 如果一个过程导致某个或某组自由参数（由概率决定的随机参数）取到某个或某些实际的值，这个或这一组值就叫作这个过程的实例。用扔硬币来举个例子，假设硬币是严格对称且没有缺损的，如果对大量扔硬币的实例做个统计，比如对每次扔出的结果求平均，会发现扔出正面和背面的次数是一半对一半。

(望远镜)视场 指天文仪器所能够观测的有效天空区域。月亮和太阳在天球上所占据的区域大小差不多相同（直径约为 30 角分），这也是日全食能够发生的原因。

数字化 将模拟数据转换为数字数据的过程。对旧式的摄影照片，需要用仪器将其数字化，即将图片表示成像素网格上的一组数字。每个像素点的值表示的是在该点处接收到的信号的强度。数字相机内对应每个像素点都有一个独立的光子接收器，因此生成的图片直接就是按像素点编码的。

斯隆数字化巡天(SDSS) 观测天文学历史上耗资最大、最有影响力的巡天观测之一，该巡天项目将给出一个星系和类星体的综合星表。SDSS 项目目前已经积累了一个专用望远镜超过 8 年的观测数据，该项目有 40 名研究人员负责数据的管理和分析。更多相关信息参见 http://www.sdss.org。

T

同位素 具有相同的原子序数（相同质子数）但中子数不同的元素互为同位素。因此两个互为同位素的原子具有相同的原子序数但原子质量不同。

椭圆星系　参见"星系分类法"。

X

吸积　通过引力相互作用积累物质的过程。例如,黑洞可以通过它强大的引力场吸引周围的物质,形成一个吸积盘。

像素　数码图像是由一个个像素构成的。像素(pixel)是图像(picture,缩写为 pix)元素(element,缩写为 el)的缩写。每个像素都对应有一组数字来描述该点的颜色或者光强。每个像素点所能表示出的不同的颜色的总数目叫作这个像素点的比特数或者色深度。一般来说,一张图片所包含的像素点越多,图片就越清晰,越能够显示出图片中的细节。"兆像素"是一百万像素的简称。现代的数码相机一般配备有 16~21 兆像素的传感器。

星系分类法　星系可以分为螺旋星系、椭圆星系和不规则星系三个主要类型。螺旋星系是由若干条旋臂围绕中心球状区域形成的一个盘状系统;椭圆星系是橄榄球形状的星系;不规则星系则没有确定的形状。宇宙早期形成的星系大多数是不规则星系,而形状更规则的星系则是在较晚期才形成的。

星系退行　哈勃等科学家发现他们所观测到的所有星系(哈勃当时共观测到几十个星系)都正朝着远离银河系的方向运动。

(星系)旋转曲线　螺旋星系围绕其中心旋转。一个星系任意区域的运动速度可以通过测量该区域发出的电磁辐射能谱在频率上的移动(参见"多普勒效应")来推算。这样就可以画出星系不同区域的运动速度与其到星系中心距离的关系曲线,即旋转曲线。通常,在距星系中心一定距离之外星系的旋转速度就会趋近一个定值。可见螺旋星系既非像刚体那样自转(例如旋转的陀螺,转动速度正比于到中心的距离),也并不类似行星围绕太阳的运动,在这种情形中行星的轨道速度随半径的增大而减小。

物质、暗物质和反物质

Y

湮灭 粒子与对应的反粒子相碰撞时转化为其他粒子簇射(主要是伽马射线光子)的过程。

引力圆环 由于在遥远星系和观测者之间存在大质量的星系团而产生的遥远星系的扭曲增强的虚像。根据引力定律,光线经过大质量的天体附近时会发生偏折。由此形成的遥远星系的虚像不仅发生了扭曲还被增强了,由于星系团的引力场对光线的聚集作用,遥远的星系显得更明亮了。因此,星系团有时也被称作"引力望远镜"。

隐藏物质 参见"暗物质"。

宇宙临界密度 通常用 ρ_c 表示,是区分"开"宇宙模型和"闭"宇宙模型的临界密度。在标准宇宙学模型中它的取值约为 1.6×10^{11} $M_\odot/Mpc^3$ 或 10^{-29} g/cm^3。

宇宙学 研究宇宙整体结构和演化过程的一门学科。

宇宙学常数(Λ) 是爱因斯坦为了得到静态宇宙解而引入到他的宇宙学方程中的一项。在哈勃发现了星系退行,以及宇宙膨胀被发现之后,科学家们对这个常数的合理性产生了怀疑。然而在它被抛弃了几十年之后,观测发现了宇宙正在加速膨胀,科学家们认为这可能就是由这个宇宙学常数所导致的,因而又将它重新引入。宇宙学常数因此成了大名鼎鼎的暗能量的一个候选者,可以用来解释宇宙的加速膨胀。

宇宙学基本原理 宇宙在大尺度上是均匀的、各向同性的基本假设。"暴胀"这一概念的提出为所观测到的宇宙的均匀性和各向同性提供了一种可能的解释。

原子 起源于希腊语 άτομοs(atomos),意思是不可分割的。原子是物质的基本组分,而它本身是由电子、中子、质子这些基本粒子构成的。现在我们知道原子当然不是"不可分割的"。

Z

质光关系(质光比) 由质量密度 ρ（定义为质量 M/空间体积 V）和光度密度 ℓ（定义为总光度 L/空间体积 V）相除得到，即 MLR = M/L = $\rho V / \ell V = \rho / \ell$。

中微子 中微子的名字 neutrino 的意思是"小的电中性粒子"，与之相比中子也是电中性的，但是质量要大得多。中微子曾被认为是没有质量或者质量极其微小的粒子。目前的探测器尚不能探测宇宙背景中微子，这些中微子形成于宇宙极早期，对它们的探测将是对宇宙学模型的进一步检验。

中性伴随子 超出粒子物理标准模型的理论模型所预言的一种较轻的，并且很可能是最轻的非零质量的超粒子。中性伴随子目前仍只是一种理论假设，它被认为是暗物质最为可能的候选者。

中子 一种核子，与质子一同构成原子核。中子是电中性的。

重子 起源于希腊语 βαρύs（baros），意思是重的。重子是一种由三个价夸克所组成的强子。最常见的重子是质子和中子，它们构成了宇宙中绝大多数的可见物质。重子物质（即本书中所说的"普通物质"）是指由原子（质子和中子）构成的物质。

重水 氧化氘，而一般的水分子是氧化氢。重水比一般的水更重，因为一个氘原子核中除了有一个质子还包含一个中子，在核反应堆中它可以有效地慢化中子。

棕矮星 参见"暗重子物质"。

最后散射面 在复合时期，所有的光子在几乎同一时间从与其他物质的相互作用中退耦，而后便在宇宙空间中自由传播。在现在的观测者看来，这些光子像是来自以观测者为球心的一个球面，无论观测者处于宇宙中的什么位置。

译 后 记

任何时候,接近知识源头的信息都是最宝贵的。《物质、暗物质和反物质》就是一本包含了大量真实科学信息的读物,由工作在最前沿的天文学家娓娓道出历史的脉络,讲述他们的研究工作。本书的作者之一阿兰·梅热(Alain Mazure)是马赛天体物理实验室的研究员,领导一个宇宙学的研究小组,他们主要的研究领域包括宇宙学、大尺度结构、暗物质和暗能量。阿兰·梅热不仅是这个领域的行家里手,同时还是一位很有激情和动力的科普作家,从20世纪90年代开始陆续出版了多部介绍恒星的演化、宇宙中的物质能量及其演化的科普著作。他的每一部科普作品都可以说是多年研究工作积累后的一次爆发,绝非一堆"浅"知识的堆积,而是一次深入的梳理。书中使用了诸多专业词汇,却几乎没有任何方程,而是借助漂亮的图示、简明的数字、清晰的条理以及最直白的语言来解释它们。书中介绍了许多重要的天文望远镜,以及与探测重子物质相关的观测和模拟项目。大量来自实际天文观测和模拟计算的精美图片在讲述故事的同时展现了天文学的可观赏性。

我们知道,今天的宇宙中全部物质和能量中有95%都是"不可见"的暗能量(72%)和暗物质(23%),而构成了人类自身及其生存环境乃至满天发光的恒星以及星系的这些人们最为熟悉的重子物质只占宇宙中总物质能量的5%。本书讲述的就是关于这5%的我们自认为已经比较了解的重子物质的那些并不为人熟悉的方面。科学家是如何"称量"出当今宇宙中的重子物质总量，如何"称量"宇宙演化不同时期的重子物质总量，如何发现了"失踪的重子物质"问题，又是如何通过各种观测和模拟计算的手段，最终找到这些"失踪"的重子物质的，本书详尽地讲述了这个曲折的过程。书的每一章节大多都是这样结尾的：科学家们通过艰苦的探索，获得了一些宝贵的结果（很多时候还是让人沮丧的结论），同时又制造了新的问题，于是科学家们只能永远保持强烈的好奇心，继续不懈地探索下去。本书的作者说，这是他们对宇宙学中尚未解决的问题的一次探索之旅的记录，我相信读者在这趟旅程中能体会到科学的神奇有趣，同时也会感受到科学的严谨和艰难。

作为第一次翻译科普书的译者，我很感谢邢志忠老师推荐了《物质、暗物质和反物质》这样一本好书。很遗憾邢老师从最初计划的译者变成校对，他在翻译前期的指导，对书的前几章译稿细致入微的修改让我受益颇多，开始了解了翻译的原则，适应了翻译的节奏。邢老师对全书的译稿以及校样提了不少一针见血的意见，尤其是对书中的概念和描述表述不清之处提出了宝贵的修改建议，让最终的翻译稿阅读起来流畅了很多。本书的英文版可能是由于翻译自法文原著的缘故，文字有些艰涩，阅读和翻译起来非常困难和耗费时间。或许本书的中文版会有些不够生动流畅，但我希望我的翻译至少做到了正确地传达，同时也非常感谢出版社对本书的翻译一拖再拖的容忍和体谅。当然，也正是因为英文版语言文字的艰涩，翻译时每一句每一段都需要反复阅读思考，理解其中的意思，其中的一些概念和仪器设备的名称也需要去检索以保证翻译时用词准确恰当，正是这个过程更让我能够体会这本书结构的精致以及内容的前沿性。原著作者花费了大量的时间精力收集整理资料，梳理相关的历史脉络，使得读者能够轻松地跟随讲述者去经历这一段探险之旅，读过之后也可以思路清晰地对重子物质的故事侃侃而谈。对于那些对宇宙感兴趣的朋友，这无疑是一本很好的科普读物，但我更想向那些意欲在天文观测或者天体物理领域开展研究的学生们推荐这本书，相信学生们读后定会收获颇丰。